人们爱在餐桌上消失都

侯尘·著

CNS 湖南文艺出版社
HUNAN LITERATURE AND ART PUBLISHING HOUSE

CHAPTER2
爱，本就是人间烟火

目录

CHAPTER I
爱，是迷信也是诗

CHAPTER4

如果，我和世界不一样

CHAPTER3

悲观主义的现实花朵

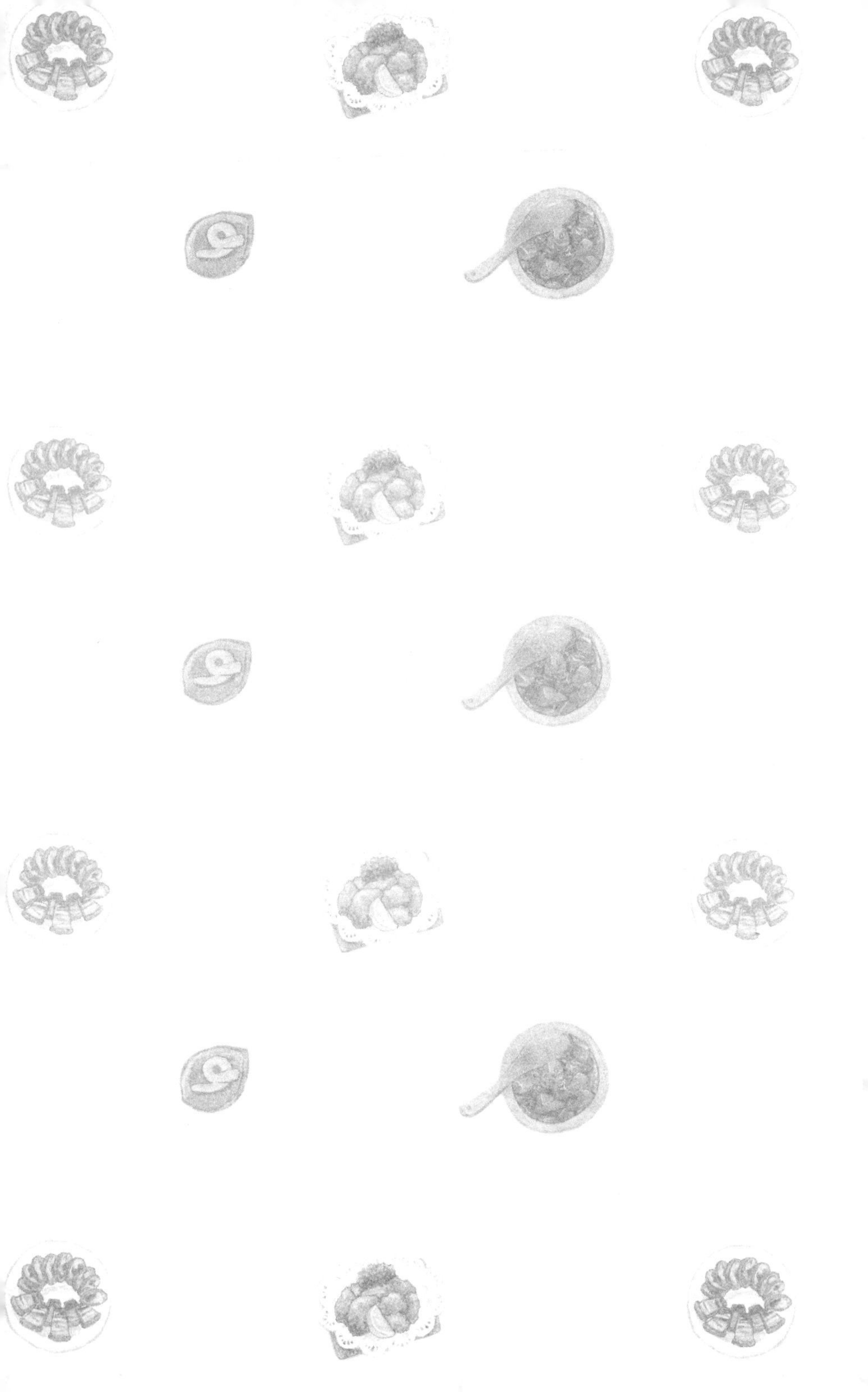

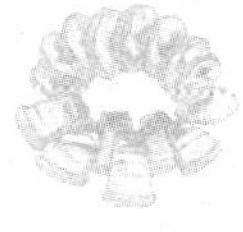
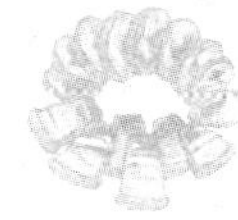

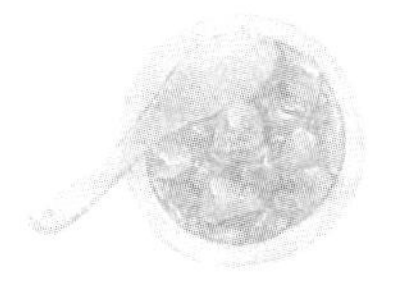
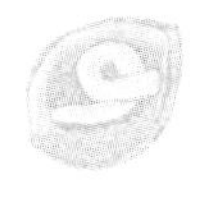

CHAPTER 1

爱，是迷信也是诗

如果身边的人，
是能够给你带来愉悦感的人，
那么啤酒配炸鸡，
就胜过任何一道美味菜肴。

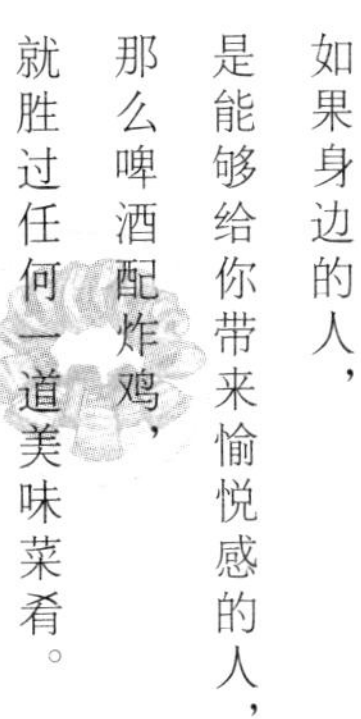
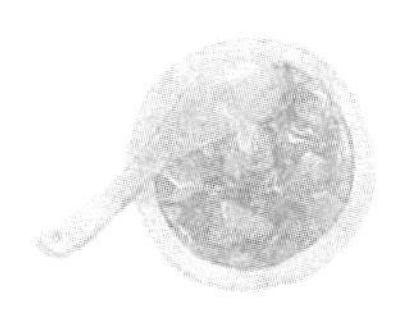

芥末

这是会让人上瘾的东西啊

一

郭婧再一次敲开我的家门，样子看起来比上一次更糟糕了。她长而黑的头发变得毛糙，惨白的脸庞没有一丝血色，斜飞入鬓的黑色眼线黏稠地覆盖在眼睑上，乍一看就像是一块青色的乌青。黑色的镂空贴身小裙底下是同样惨白的皮肤。

她满身酒气，身上没有半毛钱，被的士司机搀扶着站在我家门口，一对丰满的乳房几乎一大半都裸露在外，就像个宿醉卖肉的荡妇。她半眯着眼睛抬头看了看我，傻呵呵地笑着："阿峰，阿峰，我好想你啊，阿峰。"她一面叫着我的名字，一面整个人挂在了我的身上。她那熟悉的温暖的身体一靠近我，还有她那吐气如兰的嘴轻贴着我的耳垂，我就知道，之前所有的努力又都白费了。我依旧还是那么地爱她，一如我们热烈深情的过往。

我和郭婧结识在朋友的生日聚会上，她姗姗来迟。我一直记得第一次看见她时她的样子。她穿了一件湖蓝色的连衣裙，裙摆垂坠，一头漆黑的长发四散开来，面目肃静淡然，一双清亮的眼睛像湖水一般深远。她推开旋转门，带着歉意的微笑走进来，就像是从另一个祥和的世界走进来的布道女，让我觉得整个嘈杂的世界都安静了下来。真的，她那种看起来云淡风轻的模样，太让我着迷了。

我多给了司机师傅一些钱，用来补偿他，因为他的车被郭婧吐得到处都是，接着将烂醉如泥的她抱进了浴室。我娴熟地脱去她身上的衣服，轻轻擦拭着她汗涔涔的身子。郭婧倚靠在我的身上，紧闭着眼睛，嘴唇微张，呼吸轻柔，像我们尚未分手时那样。现在只有在她毫无知觉的时候，你才能看见如此安静美丽的面容了，我无奈地想。

在那次聚会之后，我就对郭婧展开了攻势。在穷追猛打了一个月后，郭婧终于答应了和我单独见面。我们一起去了湖滨公园划船。她穿一件白T恤配着热裤，四散开来的头发这一次被高高地扎成了马尾，呈现出和之前模样完全不同的气质。她看起来很活泼，也很能聊，笑容灿烂，炯炯有神的眼睛在和我说话的时候会一直看着我，就像全世界只有我。

后来，她就成为了我的女友。

我很幸福，起码在一开始的时候的确是这样。我们几乎天天都会见面，一起看电影，逛街，整晚整晚地做爱，然后抱在一起入睡。

我们一起去吃日本料理，她喜欢在酱油里放很多很多的芥末，然后将整个寿司浸泡在里面，一口吞下。芥末呛得她一边笑一边流泪，她却乐此不疲。

我曾经问过她："你为什么这么喜欢吃芥末啊，它那么呛人。"

她笑得像朵灿烂的向日葵："芥末是会让人上瘾的东西啊。"她这样告诉我。

二

"阿峰？是你吗？"郭婧在我的怀里轻轻地说。

"是我。我在这里。"

"阿峰，你不要走，我害怕。"

"我不走。"

"我好难过啊。"

"我知道，我知道。"我轻轻拍着怀里的女孩不住发抖的身子，试图将她抱起来。

“他是我的芥末啊，阿峰。”

我知道郭婧说的“他”是谁。

他叫孙昊，比我早认识郭婧两年。在没有遇见我的那两年里，郭婧是孙昊的情妇。是的，孙昊有家庭，有一位很贤惠的妻子和一个刚满五岁、乖巧可爱的儿子。郭婧答应和我在一起之后，毅然搬出了他为她准备的房子，将他的车还给了他。财产清理得十分干净，但感情要彻底清算却很难。孙昊一而再再而三地来找她，这使她试图通过我忘却那个男人的计划彻底失效。在我们后来相处的日子里，郭婧常常无故失踪，不接电话，不回信息，见面的时候也会变得心不在焉。最终，她告诉了我孙昊的存在，以及她对孙昊既爱又恨的感情。

我们是和平分手的。

“他是我的芥末啊，阿峰。”郭婧在我怀里幽幽开口，眼泪像是失控的花洒一样大颗大颗地从眼睛里滚落，“我想他离婚，他为什么不离婚？既然不能离婚，又为什么要纠缠我？”

“你可以不理他。”我又说了这句说过几百遍的废话，我对自己有些生气。

“可是，我做不到啊。他不来找我，我就想去找他，我担心他真的不要我了。他不理我，我不开心；理我，我还是不开心。我要疯掉了。”

“你为什么这么没用？”我望着怀里这个看起来悲伤至极的女人。她为什么把自己变成这样？为什么不能勇敢一点？那个男人就是个人渣不是吗？为什么她就是不明白？是的，我应该让她清醒过来。于是，我一把推开她，顺手拿起一旁的淋浴蓬头，开到最大挡，朝着郭婧的脑袋淋了下去。郭婧大惊，尖叫连连，赤裸的身体在地板上不断翻滚，双手在空中肆意挥舞。假睫毛掉了，黑色的眼影变成黑色的水柱，将白色的大理石地面染出一抹青黑。长而黑的头发粘在雪白的肌肤上，遮住了她的脸庞，肩膀，以及乳房。这样的尖叫与挣扎持续了十分钟。最终，她不再抵抗，认命似的安静下来。

冰凉的水就这样从头顶直直地浇下去，郭婧像个溺水的孩子一般，孤独无助，面色惨白，神色惊恐，一动不动地坐在那里，双手抱膝，仿佛到了末日。

“我要死了。我要死了。”她颤抖的声音不断重复着这句话。

三

第二天，等我醒过来的时候，郭婧早已经起了。她穿戴整齐地出现在我们曾经一同住过的卧室里，坐在她以前每一天都会坐着的梳妆台前，描着口红。外头是个大晴天，温暖的阳光投射到她的身上，将她整个人包裹在微光里，静谧又美好。她又重新变回了我印象里的样子，和昨天的那个她判若两人。

“你醒了？”她对着我温柔地笑，眼睛定定地看着我，就好像全世界只有我。我愿意在那样的注视里死去，我当时是这样想的。

“嗯。你起得好早。”

“不好意思，昨天我又喝多了。我保证下次再也不发酒疯了。”她双手合十，求饶的模样那么可爱。

“你确定吗？”

芥末，是由芥菜成熟的种子磨制而成。我们常常会说，吃芥末会上瘾。一开始你可能会不习惯它辛辣刺鼻的味道，但一旦接受了它，你就会迷恋上这样一种极致刺激的体验。可实际上，芥末真的是一种会让人上瘾的东西吗？

当然不是，它并不是罂粟。它只是一种普通的调味品。人们喜爱它，只是对它的味道产生了依恋。除了味觉体验以外，它也能给人带来特别的感官体验，这让人们很是迷恋。

在我们众多的情感经历里，谁都有可能遇到一个像芥末一样的人。他让你拥有边哭边笑的复杂表情，让你欲罢不能，甚至于让你失去自我以及对是非的判定。他的好他的坏都让你着迷。他不理你，你觉得寂寞难耐；他理你，你又觉得痛苦纠结。他带来的味道充满让人想要流泪的痛苦，但，我们却只记得那个给我们带来最大痛苦的人。痛苦越深，瘾也就越大。快乐的感情总被人们认为是肤浅的，而与痛苦作伴的却往往被我们冠以情深意重这样的头衔。

郭婧离开之后，我长久地待在我的卧室，睡在她曾经躺过的尚有余温的床上。我贪婪地闻着她留在枕头上的发香和房间里只属于她的香水味。我迟迟不肯开窗，将厚厚的窗帘拉起来，把灿烂的阳光阻隔在外。我希望把这样的味道，属于她的味道，长久永恒地保存在这间房间里，就像她从不曾离开一样。

她下一次来，我一定不会再开门让她进来，我在享受着她残留在这里的气味的时候，再一次下定了这样的决心。

炒豆芽松

并不是所有的爱都能演变成爱情

一

“你不吃吗？”吴刚端坐在门边，拿着碗，试图递给远处的人。“你不吃吗？”他迟疑地又问了一次，显得十分小心翼翼，明知问得徒劳。

这是一间不算大的房间，大概二十平方米，连通着一个大约五平方米的卫生间。白色的墙壁上渗着淡淡的霉斑，一张红色的单人沙发被放置在中央，沙发前面，是一张小巧的玻璃茶几，茶几上摆着几盘隔夜菜。几只苍蝇在上面飞来飞去，吴刚走过去摆了摆手，尝试着赶走它们。他有些疲惫地坐下来，将手里冒着热气的饭菜随手搁到茶几上，整个人陷进了沙发里。他长吁一口气，仰头望着天花板的吊顶。吊顶上老旧的大风扇嘎吱作响，制造出闷热的风。他就这样仰头坐在那儿闭了一会儿眼睛，接着似乎像下定了什么决心似的，猛然站了起来。由于他起来的速度太快了，远处那个一直安静的人猛地往床单里一缩，像只受惊的小鹿。

“夏熙，你别这样。我跟你说了，我不会伤害你。”

“那你现在在做什么？”蜷缩在那张床上的女人终于开了口。她的声音很虚弱，脸上也没有丝毫血色，人看起来很纤瘦，不知道是不是因为她太瘦了，那张原本并没有占据多少空间的床，显得特别巨大。她整个人蜷在蓝白相间的被褥里，像一只渺小的猫。

“你要吃饭吗？”吴刚似乎并不想回答她的问题，话题再次回到开场的内容。

“这样吃？”那个叫夏熙的女人摇摇晃晃地坐了起来，伸出手去，那双白皙小巧的手被一根麻绳牢牢地捆在一起。

吴刚感受着对面之人的怒意，向后缩了缩脖子，柔声开口：“你，你要是饿了，我可以喂你吃的。”

“那我宁可饿死。”夏熙背过脸去，不再同吴刚交谈。

“你，你别这样。”吴刚不由自主地走上前去，试图轻触她那冰冷的脊背，但夏熙的声音让他收回了手。

“别碰我。”

那看起来高挑清秀的男人被这样冷酷的声音重重地砸在原地，这样不带任何情感的声音，让他想像个孩童一样地哭一场。但，他最终还是忍住了。他将昨天那些一口也没有吃过的隔夜菜倒进塑料袋，将新的饭菜逐一摆放在茶几上，默默走出房门。

他一走出去，夏熙就从床上一咕噜爬起来，飞快地冲到门边，当听见门外的锁被一道一道重新锁上，她露出绝望的神情。

二

“你不吃吗？”吴刚将头摇得像个拨浪鼓，这已经是吴阿姨第五次端着碗站在他跟前了。他知道这一次要是再不吃，今天他就吃不上饭了。可是那碗里的是豆芽啊，它们白色的梗亮莹莹的，绿色的豆芽头看起来就像一只只难看的瓢虫。吴阿姨在步步紧逼，她挖了一口碗里的米饭，又在米饭上盖上了一层厚厚的豆芽。

豆芽，又名巧菜，银针，银苗，如意菜。它是一种“活体蔬菜”，是通过蔬菜本身培植出来的，就像是它们的胚芽。但，它却独立成为了一种全新的品种。豆芽，含有着丰富的蛋白质、维生素以及叶酸。因为豆芽的营养含量相当可观，所以大人们总喜欢让孩子们吃它。它被放进汤里，炒进肉里，甚至是包裹进面食里。但，大部分的孩子其实都不爱吃它，它食之无味，无论怎样煮熟炖烂，依旧有一股浓厚的生涩味道。吴刚，就是深受豆芽之害的孩子之一。他甚至因为豆芽这个东西差点得了厌食症。

吴刚觉得胃里正在翻江倒海，那绿色的豆芽张牙舞爪地冲他而来，吴阿姨已经在用手掰他的嘴了："快吃吧，乖，快吃呀你。"吴刚好想喊妈妈，可是他知道妈妈爸爸现在都不在家。他孤立无援，他本该听吴阿姨的话才对。可是豆芽生涩刺鼻的气味扑鼻而来时，吴刚觉得喉咙里一阵泛呕，有什么东西正在他的身体里回流。他闷哼一声，连同着喉咙里的酸水一起，吐了出来。

吴阿姨大叫一声，赶忙放开他，冲进了洗手间。正在此时，过道上响起了轻微的敲门声。吴刚踮起脚尖开了门，就看见了站在门口扎着马尾辫的小姐姐。那就是夏熙。

夏熙是吴阿姨的女儿。他们刚认识的时候，吴刚只有六岁，而夏熙则刚过了她十四岁的生日。

吴刚一直记得夏熙抱着他在水槽边给他擦拭衣服和嘴巴的样子，那是他第一次知道这个世界上还有比妈妈更美丽的人。

“小朋友,听说你不喜欢吃豆芽呀?”夏熙蹲在他面前,捏了捏他的小脸蛋。吴刚觉得有些丢脸。

“哪有,我特别爱吃。”他把胸膛挺得高高的。

“小家伙,还会撒谎了。”吴阿姨换了一件衣服,重新将吴刚抱了起来。

“妈妈,我有一个好办法。”夏熙眨了眨眼睛,带着自己的母亲来到厨房,“你记得以前你给我做的豆芽松吗?”

黄豆芽、猪肉、韭黄、大蒜,这是做豆芽松的材料。首先将黄豆芽的头全部摘下来,剩下的豆芽梗切成小指甲盖状的小段,韭黄也切成小段。接着用生粉、糖、生抽和芝麻油将剁碎后的猪肉搅匀腌制,大概十分钟时间。接着开始热油,加入蒜蓉爆香,然后下猪肉碎炒香。最后将豆芽头、豆芽梗和韭黄一起下锅,慢慢用小火不断翻炒至水收干,再烹入料酒、盐以及少许糖调味即可。

豆芽松,那是夏熙带给吴刚的礼物。它看起来黄灿灿的,特别漂亮,韭黄的香味完全掩盖掉了豆芽的气息,而那些让人反胃的长长的豆芽梗不见了踪影,爆炒之后的肉碎充满着叫人流口水的香气。夏熙将它们和白米饭拌在一起,喂了吴刚第一口。从那之后,吴刚就与豆芽和解了。

三

自己究竟在这间屋子里，或者说得更确切一点是这张床上待了几天？夏熙已经不知道了。最早的时候，她还是可以依靠窗户外天色的变化来计算的，但意识渐渐变得模糊之后，她就放弃了这样的坚持。

吴刚出去之后，她将头靠在枕头上，呆呆地坐了好长时间，直到外头的天光消失殆尽。她想让自己尽量冷静下来，想一想究竟发生了什么。她觉得她应该是被吴刚绑架了吧。绑架？当脑子里闪过这个词的时候，她不由觉得有些可笑和荒谬。吴刚是她从小就认识的弟弟，他几乎是除了她的家人和爱人之外最亲密的人了。可就是这样的一个人，却将她骗出来，用麻醉剂弄晕了她之后，带来了这里。

起初她以为这是吴刚的恶作剧，毕竟小时候他们总是玩警察和小偷的模拟游戏。后来当她意识到究竟发生了什么之后，她开始变得歇斯底里。她同他大吵，同他争辩，她觉得他不可理喻，她对他大打出手，后来他就将她绑了起来。从那之后，夏熙开始明白了事情的严重性，她开始莫名地惧怕他。

吴刚安抚了吴阿姨和孔庆之后，回家洗了个澡，接着在凌晨时分，回到他准备的出租房。他绑架夏熙已经有六天了，他不知道他的行动什么时候会败露，他知道这一天很快就会来了，可他却停不下来。从他知道夏熙和孔庆马上就要出国的那一刻起，他就知道，他最终会做出这件事来。这是一件可怕而危险的事，他知道。可这也是件伟大的事，伟大的事情总是伴随着危险，因为危险反而让它更伟大了，不是吗？吴刚想到这里，打开锁的手，竟然因为感动而禁不住颤抖。

吴刚怀着激动的心情打开了门，夏熙已经在那张老旧的床上昏睡了过去。吴刚走到茶几旁，发现他买回来的饭夏熙依旧一口未动，不由叹了口气。接着他满怀柔情地走到已然不省人事的夏熙身边，轻轻地坐在地板上，静静看着夏熙的脸。

他已经好久好久没有这么近地看着她了。小的时候，他就是这么近地看着她。他们躺在一张床上，夏熙会轻轻哼着歌，哄他入睡。而他呢，总是假装睡着了，然后在夏熙睡着之后，瞪大眼睛，静静看着眼前的女孩。她卷而翘的睫毛，嫣红的小嘴，修长的眼睛，像桃子一般细细的茸毛，还有那一下又一下令人沉醉的呼吸。吴刚有了一种错觉，觉得自己似乎又回到了小时候，于是他不由自主地爬上了床，钻进了那床蓝白相间的被褥里，和沉沉睡去的夏熙紧贴在一起。

夏熙的呼吸轻得几乎不易觉察，他无法像小时候那样，大口大口将对面之人呼出来的空气一丝不漏地吸进自己的肺里。他忽然开始惊慌。他猛然意识到，即使现在他将她捆在自己的身边，她依旧离他越来越远。这是他不能容忍的。于是他猛地抱住那人，用嘴封住了她的呼吸。他努力地吮吸着她嘴里的唾液，将她整个人压进自己的胸膛里。

夏熙被吴刚激烈的行为惊醒，尝试推开他，却只是徒劳。她的双手被捆绑着，她已经连续几天粒米未进，直到今天依旧没有人来找自己。或许，她会死在这间房子里。夏熙想到这里，用尽自己最后一丝力气，张开了嘴巴。吴刚看着眼前女人的转变，眼里满是惊喜，他想原来她是喜欢自己的，他忽然觉得所有的一切都是那么地值得。他的心脏因为夏熙的回应怦怦直跳，快得几乎要让人昏厥。他终于闭起了眼睛。

“啊！”吴刚的嘴唇传来锥心的疼痛，这样的疼痛让他猛地从床上坐了起来，底下是面色惨白的夏熙，以及她嘴边那一抹殷红的血。

“我看看。”夏熙小心翼翼地走到沙发前，吴刚正背对着她。夏熙知道，吴刚应该是生气了。小时候每次他生气，他就是这样用背和别人打招呼。这个背影让夏熙熟悉，这样熟悉的感觉让她忘记了自己的处境。

“让我看看。”夏熙走到另一边，坐了下来。这一次吴刚并没有躲避。

“疼吗？”夏熙伸手轻轻碰了碰吴刚那被自己咬破的嘴唇，“你这儿有创可贴吗？”

吴刚指了指茶几底下的抽屉，夏熙用被捆绑着的双手费劲地拉开了抽屉。吴刚的手忽然伸了过来，吓了夏熙一跳。不过他并没有多做什么，他只是拿过夏熙的双手，将绳索解开了。被勒了几天的双手终于解开了，手腕上紫红色的勒痕看起来很显眼。

“对不起。”吴刚下意识地开口，语气里有些哽咽。

夏熙赶忙将袖子往下扯了扯：“没事。你这儿还真的什么都有。”夏熙故作轻松地将创可贴贴在了吴刚的伤口上。

“吴刚。”

“嗯？”吴刚下意识地回答。

“你知道自己在做什么吗？”夏熙想最后再努力一次，比起被别人找到，她更希望她可以带着眼前的男孩一同离开这间屋子。

“我不想你跟着他走。”吴刚低着头，双手不住揉搓着适才从夏熙手上褪下来的麻绳，神色痛苦。

“可，孔庆是我的丈夫，他去哪里，我就要去哪里。就像你的父亲和母亲一样。”夏熙解释得十分耐心。

“因为他是你的丈夫，所以你不能离开他，是吗？”

“是的。”

“那，我也可以做你的丈夫，我做了你的丈夫，你就会一直在我身边了是吗？”吴刚说到这里，终于抬头和夏熙对视了。夏熙读得出那眼里的狂热。“夏熙，我一直以来都很爱你，让我做你的丈夫吧，我会对你很好很好的。”吴刚显得很激动，他不由分说地将夏熙抱在怀里，一遍遍重复着他的请求，“我好爱你，好爱好爱，让我做你的丈夫吧，求你了，求你了，夏熙，求你了……”

夏熙从来没有觉得眼前的男人像这一瞬间这样可怜。她伸出手，轻轻捧起了他的脸，将他满是泪水的脑袋抵在自己的额头上，柔声说道：

“你知道爱和爱情的区别吗？爱是一个人也可以做的事情，比如你爱我。而爱情，却是两个人才能做的事情。比如你的父亲爱你的母亲，而恰巧你的母亲也爱着他。再比如我爱孔庆，而孔庆同时也爱我。这个世界上，有许多事情是一个人可以做的。你可以一个人吃饭，一个人走路，一个人呼吸，甚至是独自爱一个人。但，唯独爱情这件事，是要两个人共同来完成的。只有这一件事，是必须征求双方同意的，是要两情相悦的。不这样做，它就不可能发生了。我知道你爱我，我也很感激你如此爱我，但，因为现在这个爱字是单方面的，所以，它永远也成不了爱情。并不是所有的爱都能变成爱情的。虽然听起来，这似乎是一件悲伤的事。”

四

马尔克斯将爱比喻成一场霍乱。它让人晕眩，呕吐，腹部胀痛，发烧甚至是发狂。的确，这个世界上有许多将爱视作一切的人，他们觉得不为爱而死是一件可怜的事。吴刚爱夏熙爱到近乎病态，才会将即将离开的女人绑在自己身边。在他的爱里，他的确得了一场不小的霍乱。你或许会说，这是个夸张的故事，这个世界上，没有几个人会这样做。

是吗？你确定你并没有像他这样做过？

你并没有借着爱的名义，在别人的世界里长驱直入？

因为我爱你，所以我想要见你，想要同你说话，想要让你收下我精心挑选的礼物。无论你愿不愿意见我，无论现在是凌晨的几点几分，无论我的礼物你是否觉得沉重。

因为我爱你，所以我可以因为失去你不吃饭，不睡觉，生病了不去医院。你看我，因为爱你变得遍体鳞伤，不惜流血牺牲，用刀片划破我的身体，即使你并没有要我这样做。我愿意向这个世界昭告我是你的，我会拒绝其他人的怜悯与真心。你看，我因为爱你，而变得孤苦无依。

因为我爱你，所以我想要参与你的生活，我要知道你在做什么，你现在在哪里，和谁在一起，以及你内心深处最隐秘的秘密和最痛苦的伤悲。我想要把你留在我的身边，为此我甚至可以不惜折断你的翅膀或者是我自己的。让你成为我身体的一部分，让你将我吐出来的空气，一丝不漏地全部吸进你的肺里。我要我们亲密无间，不分彼此，像脖子和脑袋一样，要活着，就得始终连在一起。

是的，并不是所有的爱都能演变成爱情。在大多数的时间里，或者是大多数的事件里，爱这个字，都不是在为爱情服务的。它只为我们自己服务。我们用这个字，这个光明温暖的字，来捆住那个我们爱的人，让她以为天堂原本就是黯淡无光的。

这间二十平方米的房间，因为夏熙的一席话而陷入了长久的静默。吊顶的旧电扇依旧摇摇摆摆，吱吱嘎嘎。有风从窗口吹进来，吹起了白色的纱幔。外面的月亮已经高悬了，据说今天是一年一度的超级月亮。他们坐在沙发上，一起抬头看了它许久。

“走吧，夏熙，我送你去见他。”吴刚觉得自己几乎是用尽了浑身的最后一点气力说出了这句话。他最后轻轻用嘴唇触碰了一下自己心爱的姑娘的额头，正式同她做了道别。

南瓜

爱就要大声喊出来

一

车筱一直最佩服的东西，就是南瓜。从小时候她第一次在外婆家看见瓜架上结出来的硕大的金灿灿的果实开始，她就被这样植物迷住了。为什么看似纤细的枝叶，会长出比它们本身大几百倍的果实呢？那些细小的枝叶甚至无法承载它的重量，外婆用一个又一个篮子固定着它们，才能让它们不因为超重而掉下来。她觉得非洲那些饥饿的地方，就是因为不知道怎么种南瓜，才挨饿的。有了南瓜，怎么可能还会挨饿呢？后来年岁渐长，知道了南瓜的功用之后，她就更喜欢它了。因为她发现，它的叶子可以做汤，它的瓜瓤可以清炒，可以做蛋黄南瓜，可以做南瓜粥、南瓜饼，它的子可以晒干当零嘴，甚至南瓜子坚硬的壳也可以入药。南瓜的百用，让她觉得这真是一种过于亲切、过于平易近人的食物。

喜欢戴俊的车筱，就像个南瓜。不是说车筱的长相像南瓜，相反，她很娇小，也生得并不难看。我的意思是，她就像是长在戴俊身边的南瓜，一种百样用的南瓜。她是戴俊的课堂笔记，是戴俊的知心好友，是戴俊逃课的挡箭牌，也是戴俊的邮差。

车筱认识戴俊缘于一次小小的交通事故。那时候他们刚升入初中，第一次可以在大马路上骑自行车。戴俊的山地自行车疾如风地从车筱身边掠过，钩住了车筱的长裙，车筱连人带车被戴俊拖了几米。血流如注的胳膊将身边的男孩吓得面如菜色，车筱却很冷静。戴俊领着车筱去了医院包扎。车筱盯着泥沙同淤血混在一起的左手臂，而戴俊则有些惊恐地盯着眼前这个擦碘酒眉头都不皱一皱的女孩。

“你，你不疼吗？”戴俊终于忍不住小心翼翼地发问。

车筱抬头看了看身边的男孩说：“当然疼啊。”

“那你怎么都不吭一声？”

“喊出来就不疼了吗？”

受了伤的车筱不能再自己骑自行车去上学，戴俊就当起了她的专职司机。车筱对戴俊的感情，就是从这时候开始的。

那是春天，一个极其普通的早晨，但在车筱的记忆里却是一个比任何一天都要明亮的清晨。那天，有灿烂的阳光也有微凉的风，一身黑色运动服的戴俊一只脚跨在他那白色的山地自行车上，一只脚踩着车筱家门口的翠色草坪。他蓝色的球鞋在草坪上来回磨蹭，嗤嗤作响。车筱推开客厅的窗户，就看见了底下的少年。少年抬头冲着窗棂上的女孩挥手，笑容摇晃。车筱觉得自己从未见过这么好看的男孩子。他白皙清秀的脸映衬在晨光里，那些细小的茸毛隐隐闪动。整个人清瘦高挑，就像外婆家南瓜架下那细细长长的雨后春笋。

“你坐好咯，我骑慢一点。”

戴俊一把抓住车筱的右手放在自己的腰间。车筱的心忽然怦怦跳起来，脸颊发烫。她觉得戴俊就要发现她的窘迫了，于是将头埋得一低再低。

一开始的几天，他们都还有些尴尬。戴俊有一搭没一搭地说话，车筱只是听着。后来，车筱会加入他的话题，偶尔说一两句，也会被戴俊的笑话逗得咯咯直乐。一个月之后，他们变成了无话不谈的朋友。

那段日子，是车筱认为的最开心的日子。有只属于自己的心事，而这个心事又就在自己身边，她一伸手，就可以揽住他的腰。她在戴俊的单车后座上，过街穿巷，被风裹挟着往前走，希望自己的左手臂永远都不要康复。

二

我们在情窦初开的年纪，或许都会如车筱一样碰见一个长得很好看的人。他甚至除了长得好看之外，一无是处，但看在你眼里，却是千般万般地好。这样的迷恋，会让你失去对自我的判断，失去原本有的自信心，觉得那个人这么耀眼，怎么会看见我呢？于是，我们甘愿在他身边做个实用性能完备的南瓜。车筱就是抱着这样怯懦的心态，在戴俊身边充当了一个亲切的南瓜的角色，这一做就是三年。当然，车筱从不觉得辛苦，因为她和戴俊那么亲近。他对她的每一次微笑，都是她的养分；他对她的每一次招手，都是她继续爱他的基石；他对她的每一次请求，都是她存在的重要明证。可以待在自己喜欢的人身边，而他对此毫不知情，对于车筱而言是那么幸福。而这样的幸福在黄彦出现之后就画上了句点。

“学姐，你认识三班的戴俊学长吗？”这是黄彦和她说的第一句话。

“认识。你有什么事吗？”

“我，我想要请你帮我把这封信交给他。”

车筱知道眼前这个长相甜美的女孩子手里拽着的是情

书，她已经替许多女孩子做过这样的事了。于是她习惯性地收下信："好，但我不确定会有回复。"

"没事，谢谢学姐，谢谢！"

这之后相当长一段时间，长到几乎让车筱忘记了这个女孩的存在。直到她同戴俊一年一度的登山活动，戴俊带着黄彦一起前来，车筱才重新想起情书的事情。"这次和之前的许多次都不一样了。"车筱在心里自言自语。

高仰山其实并不算陡峭，对于登山老手来说，这是一条近乎平坦的栈道，但对于初次登山的黄彦而言，则并非如此。戴俊像平常一样爬得很快，车筱沉默地跟在后面。他们不怎么说话，只是保持着一个人的距离，后一个人踩着前一个人的脚印往前移动，他们的呼吸几乎是同步的，听起来就像一个人。是的，就像一个人。车筱在心里默认着，觉得很快乐。但身后黄彦凌乱的脚步，打断了车筱意淫的快乐。她不得不停在原地等她。

"你怎么样？累不累？"

"不累，学姐，我不累，你们走吧，我会慢慢赶上来的。"黄彦的目光掠过车筱落在前头自顾自往前走的戴俊身上，眼神温柔又坚定，就像是在打一场战役。车筱有那么一瞬间有些晃神，将眼前女孩的处境投射到了自己身上，于是心里升起一阵酸楚。

“来，我拉着你，不要摔倒了。”她做了一件自己都没有想到的事情，她向自己的情敌伸出了帮助的双手。于是车筱开始拉着黄彦往前走。

许久之后戴俊终于回过身来，这才发现了远处一前一后艰难前行的两个女孩。

“走不动啦？来，拉着我的手。”

车筱抬头看了看高处的戴俊，看着他朝自己伸出来的右手，心下大动。他是在向我伸出右手吗？是在同我说话吗？当然不是。因为黄彦纤弱的身体被戴俊大力往前一拽，一下子就越过了她。她竟然会以为戴俊是要牵起她的手？车筱觉得丢脸极了。于是她下意识地放慢了脚步，直到前头的两个人只剩下两个小小的光点，才继续低头往上走去。

清晨的阳光透过枝叶一点点投射到陡峭的山岩，光秃秃的岩壁反射出耀眼的光。车筱一边爬一边疯狂地流汗。身边的树枝擦过她的红色登山服，发出尖锐的啸叫。而黄彦雀跃的声音却从前方传来，飘进了车筱的耳朵里，让她想要掉眼泪。她猛然觉得好不甘心，她都没有告诉过戴俊她对他的感情，她就失去了所谓的资格？这样好不公平。她想到这里忽然开始加速。她丢掉手杖，几乎是在小跑。而就在此时戴俊登顶的欢呼响彻了山谷，黄彦的笑声适时地穿插其中，听起来，就像一首歌。在这样愉悦的和声里，车筱终于渐渐止住了飞奔的脚步。她呆呆地站在原地想了一会儿，意识到她好像来不及了，在这场看起来什么都算不上的战争里，她失去了原本取得的先机。最终，她转过身，独自往山下走去。

“车筱，你人嘞？”戴俊的声音从手机里传出来，显得很空洞。

“哦，我刚刚登山服划破了，不好走路就下山了。”车筱觉得自己好机智，理由实在太过真实。

“没受伤吧？”

“就擦破点儿皮，没事。”

“那你在原地等我一下，我下来送你。”

“不用了，我都爬了八百回了，实在不行我还可以滚下去啊。”

戴俊被车筱逗得哈哈大笑，车筱觉得或许不是自己的笑话说得好，而是因为黄彦在他身边的关系。想到这里心里又一阵烦闷，于是胡扯了几句就迅速挂掉了电话。

三

车筱的近视度数很深，不戴眼镜的时候，三米之外便人畜不分了。但，戴俊于她却是个例外。无论在多远的地方，只要戴俊出现，车筱都能知道那个人是他。她可以从他整体的轮廓，他略微驼背的姿势，他像刺猬一样的板寸头，甚至是他些微往右边倾斜的脑袋，在一色校服外套的人流里认出他来。因为这是她日思夜想的形象，是每天午夜梦回时在她梦境里胡乱奔跑的身影，是她闭起眼睛也能在眼前完整描摹出来的模样。所以，不需要依靠眼睛。而对于车筱而言，这个特异功能以前是用来发现他的，用来同他假装不经意相遇之下打招呼用的。而有了黄彦之后，这个特异功能成了车筱躲避戴俊的好方法。她可以在戴俊还未发现她的时候，就择路而逃；可以在戴俊刚刚从食堂门口走进来的时候，就囫囵吞枣地咽下米饭溜之大吉。

但，戴俊找她的时候，她是不能拒绝的。拒绝了，就显得形迹可疑了不是吗？于是为了她的小秘密不被发现，她便只能不断地开他和黄彦的玩笑，她一边打趣黄彦一边揶揄戴俊，她嘴上跑火车，心里流酸泪，样子看起来却是个最佳损友。

就这样熬到了毕业季。戴俊留在南方，而车筱要去北方。

这是车筱临行前的晚上。戴俊和她再次登上高仰山，两人喝着啤酒，就像从前的许多次那样。

“你不想说点什么吗？平时都是我在说。”沉默良久，戴俊先一步开口。

“你知道我不爱说话。”

“就是觉得这些年都是我在说,都没有好好听你说过话。”

车筱放下手里的啤酒，定睛看了一眼眼前的男孩。六年的时间，眼前的人其实已经变了许多。虽然依旧眉目清秀，但那原本细细的茸毛已经变成了粗糙的胡茬，像春笋一样的身材也已经拔成了一根竹子。车筱忽然有些后悔，后悔那些有意无意躲避戴俊的日子。早知道要分离，就应该珍惜每一次有意无意的相遇啊。于是她下意识地伸出手，抚摸了戴俊的脸庞，而身边的男孩并没有躲开。

“一不留神，你都长大了。”

“我是你的宠物狗吗？”戴俊用力扯了扯车筱的头发，车筱吃痛大叫。

后来，车筱就睡着了。醒过来的时候，已经是次日清晨。她躺在戴俊的肚子上，而戴俊睡得很甜，鼾声如雷。这个时候道别应该是最好的吧，她轻轻地坐起来，看了看睫毛微颤的男孩，低头吻了吻他的嘴唇。她吻得那样轻，蜻蜓点水一般地碰了碰，就像这六年的感情没有了任何重量。接着车筱就站起来，像多年前一样，独自往山下走去。

为什么要告诉他？让他轻松地同自己分别，是她认为爱他最好的方式。她本以为她会哭，但却没有。

四

我一直很羡慕那些能精确表达自己感情的人。爱就可以大声喊出来，恨也可以用行动表达。对这样的人来说，爱同被爱都是很简单的一件事。而有一些人却不是这样的。他们很难表达出自己的感情。明明心里有着十分的爱，却只能艰难地表达出一分，而这可怜的仅存的稀少的一分，甚至传达不到对方那里，就被分解消耗。就像车筱明明很疼，却无法开口表达，就像她明明很喜欢戴俊，这样的情感却无法投递到对方身上，所以，车筱永远都不知道故事还有另一种解读。

戴俊的家里有一个菜园子，菜园里种着许多瓜果蔬菜，而有一样是他最喜欢的，南瓜。在他眼中，南瓜是很坚强的植物，细小的藤茎承受着巨大的重量，就像他喜欢的那个人一样。那也是个像南瓜一样的女孩，小小的身子，却具有静默的大力量。她叫车筱。

车筱拉着黄彦，一步一步往山顶走。前头的男孩停下来，伸出他宽厚的手掌。

“走不动啦？来，拉着我的手。”他的眼神清澈温柔，定定地望着她，仿佛世界只有她。是的，他从来想要拉起的就是这个被他一轱辘撞倒的女孩的手。

高仰山山顶的风轻柔地吹着，吹拂着睡梦中女孩肃静的脸庞。男孩微微颤动的手抚去她额前的碎发，他的眼里充满柔情，慢慢俯下身，吻上了女孩殷红的嘴唇。

其实，那个分别的夜里，是男孩先吻了女孩。

雪花啤酒和饮水机

有些爱只能锁在唇齿之间

一

怎么来判断一个女人的年纪，如果现在所有的姑娘都擅长涂脂抹粉？年纪小的喜欢鲜艳的红唇，细长的媚眼，蓬松的头发，让自己看起来是个熟女。而年纪大的就喜欢果色的唇彩，略粗的眉毛，颇具心计的齐刘海或者花苞头。如果从容貌与穿着上已经很难区分出她们的年纪，你要依靠什么来判断她们经历的好坏？你又如何知道哪些女人的心里依旧住着城堡，而哪些女人的心里住着一匹随时准备上战场的野马？

在没有遇见简楚之前，沈岐并没有什么看女人的经验。在他刚大学毕业的时候，他以为姑娘的种类和男人的种类是一样的。姑娘的种类和男人一样很好区分，男人只有男子汉和懦夫，而姑娘也只有温柔同强悍两种。然而简楚改变了他的想法，让他知道了自己这样判断女人有多浅薄。为此，他感激这个女人，当然，并不仅仅是这一点，他感激她，最重要的原因是她给了他对她好的机会。是的，不是什么太大的事，仅仅是她给了他一个机会。想想，也是挺可悲的吧。沈歧偶尔会这样自嘲一番。

简楚是沈歧第一份工作的同事。沈歧是学展会设计的，一毕业就找了一份专业对口的工作。他考进旅游局的信息推广中心，简楚是信息中心活动的执行官。换言之，她是沈歧的直属领导。当然，沈歧一开始并不知道，因为简楚看起来一点也不像比他大了足足六岁的职场老鸟。

工作第一天，沈歧是全单位来得最早的。他向每个进来的人问候，并小心翼翼地介绍自己。简楚飞奔进办公室的时候，正好是九点。

"死了死了，又要扣钱了。死了死了。"她一连说了四个"死"字，冲到打卡机前，不情不愿地按了手指，又抬头偷偷看了一眼主任的房间："他，他还没来吧？"沈歧下意识地开口："你，你在问我吗？"见简楚点头，沈歧这才慌忙开口："还没来。"简楚听到这里，忽然特别夸张地拍了拍胸脯，长吁一口气：“真是走大运。”她说完，就弯着腰，以迅雷不及掩耳的速度溜到了自己的办公座位上，很自在地吃起了早饭。

“简楚，什么东西这么香啊？”办公室因为简楚的到来忽然之间热闹了起来，沈歧不由竖起耳朵。

“顾阿姨，是我家楼下新开的一家煎饼店，是不是很香啊，我这个是猪肉馅的，那里还有您爱吃的萝卜馅的。明天我给您带来尝尝。”

“哎呀，谢谢你啊。”

“别这么客气。”

“简楚，简楚，我们也要，我们也要。”

“好，好，好，不要着急，一个个来。我拿笔记一下。”

“嗯，你要不要吃？”简楚隔着三张桌子对着沈歧喊话。

沈歧觉得有些尴尬，就下意识地摇了摇头。简楚轻描淡写地“哦”了一声。

“现在应该向她介绍自己吧？”沈歧在心里默默地打算着，“就像刚刚向其他同事介绍自己一样。”但简楚已经低头在自己的电脑上打字了，他好像已经错过了打招呼的最佳时机了。沈歧不觉有些挫败感。

“你是今天新来的员工吗？”简楚忽然抬头问了一句。沈歧心下激动：“是的，你好，我叫沈歧，是来做平面设计的。”

“我是简楚，很高兴认识你哦。”

“我也是，希望我们合作愉快。”

“愉快愉快。”沈岐觉得简楚的笑容很温柔，让人不由得觉着放松，于是又问了一句：“你也是刚来不久吗？”

简楚听见沈岐的这句话，微微愣了几秒，接着咯咯笑了几声，频频点头：“嗯，差不多吧，比你早来一点时间而已。”

所以你几乎可以想象，当主任把沈岐带到简楚面前布置工作的时候，沈岐差点想立刻夺门而出，他万分尴尬地站在简楚的右手边，脸涨得红红的。简楚倒是十分自在，她冲着主任笑，又冲着沈岐笑。这次的笑容和早上沈岐看见的截然不同。它看起来很程式化，不夹杂感情，礼貌而充满距离。

简楚给他上了人生职场的第一课：快速的角色切换，是在职场里如鱼得水的第一前提。

很快地，他又被上了第二课。

那是他同简楚的第一次合作。他们要做一场省外的旅游推介会。简楚让沈岐设计展板。沈岐花了三个通宵，赶了四个不同花样的展板出来。他神志模糊地站在简楚跟前，等着她拍板，几乎就要睡着了。简楚看了看四个截然不同的样稿，抬头问他：“你喜欢哪一个？”

“啊？”沈岐以为是自己精神昏迷，出现了幻听，于是简楚重新问了一遍。没有错，她确实是在问他的个人意愿。

“我比较喜欢第三个。”沈歧支支吾吾地开口。

“那就第三个吧。你跟我来。”她带着沈歧进到主任的办公室，递上他的设计稿。设计稿很顺利地通过了，主任只提了一些极小的修改意见。

“沈歧啊，工作从来就不会有一百分这件事，能做到六十分，我觉得就是好事。六十分的意思是什么呢？是你花了一些精力，但不至于太辛苦。你一次给他变出四个花样，他下次就会要八个，选择多了，意见也会更多。需要殚精竭虑去做的不是工作，而是你特别喜欢的事。这样，才有意义。”

要花全部的心力在你喜欢的事情上，而工作只是生活的一部分。这是简楚给他上的第二课。

二

在最初认识简楚的日子里，沈歧觉得简楚应该被划入强悍的女人的行列。她的确是强悍的：独自一人在一座陌生的城市里打拼，最后站稳脚跟；她一个人可以随手拿起四个易拉宝，踩着高跟鞋健步如飞地搭台；她可以一口气喝下一瓶雪花啤酒；她可以同他一起熬夜改稿，困了就睡在沙发上，甚至坦荡地不锁门；她也可以徒手换饮水机的水桶。她几乎可以做男人能做的所有事，她当然强悍。

不过，不知道为什么，也不知道从什么时候开始，沈歧无意识地开始替简楚做些她原本在做的事。他想或许是她搭好台之后，坐在后台脱下高跟鞋，揉着那双红肿的双脚时投射到荧幕上的剪影，看起来十分渺小；也或许是她去参加聚会，看见服务员搬过来一箱又一箱的雪花啤酒时，眼神里那一闪而过的恐惧；又或许是她侧身蜷缩在办公室沙发上，那偶尔发颤的身躯，让他生出想要上前拥抱她的冲动，因为这个身子看起来是那么单薄，好似完全承受不起这个世界的重量。于是，他会一个人提前去搭台，他会在聚会的时候掷骰子总是叫最大的，将雪花啤酒通通灌进自己的肚子里，他也会每天检查饮水机水桶里是否有水，会在她睡办公室的时候，将空调的风速调到最低，将灯关掉，依靠液晶屏的光亮继续工作。

“傻小子，你这是爱上人家啦。”

沈歧的朋友是这样告诉他的。沈歧每次听见，总是笑笑。他自然知道他是爱上简楚了，因为心疼她，因为爱她，才想要照顾她。可，除了在这些小事情上照顾她，他确实也做不了什么其他的。除了替她多喝点她不喜欢的雪花啤酒，多帮她跑几趟腿，多为她画几幅画稿之外，也的确做不了更多。

如果你爱一个人，你就会发现她冰山底下的暗礁和寒流，你会很难将她归类。这是简楚教她的第三课。

三

后来，简楚有了男友，沈歧能为她做的事情就更少了。简楚去搭台的时候，男友会帮她拿着那些或大或小的展板和易拉宝；他们聚餐的时候，男友也会替她挡下所有的雪花啤酒；简楚也不再在办公室熬夜睡觉，因为无论多晚，男友都会开车来接她回家。沈歧不用在黑暗的环境里画图了，可他却很难再做出特别的文案。在简楚离开之前的很长一段时间里，他唯一能替她做的事情，只剩下了更换饮水机上的水桶。

简楚在离开旅游局的时候，请大家吃了散伙饭。很意外，沈歧单独受到了邀请。简楚单独请他吃了一顿饭。他们像往常一样自在地聊天，聊一些工作琐事，离开之前，简楚送了沈歧一盏很美的台灯。

“以后，要是不想打搅别人睡觉，又要奋战，就把它安插在电脑边，很长一段时间，我都怕你瞎掉。”

她知道，她都知道！沈歧忽然意识到简楚什么都知道。

他的心脏强烈地跳动起来，他克制着自己颤抖的双手，接过简楚送给他的礼物，将那盏台灯牢牢拽在手里。

在我们还很年轻的时候，我们可能会爱上自己的同班同学，自己的英文老师，或者是自己的同事。当然，也有可能像沈歧一样，爱上自己的顶头上司。我们也会遇见像沈歧一样的困扰，那就是，你爱的人因为种种不可抗拒的原因，走在了你的前面。你在她的面前，是个尚在识字的孩童，是个还鲜知世事的青年。你深切地明白，自己所能做的事情十分有限，在这个犹如战场的世界里，你无法成为她的城堡，也不是那匹能同她一起战死沙场的野马。而她，或许并没有太多的时间等你长大。于是，你生出许多的无能为力。你第一次知道了原来有一种爱，会被锁在你的唇齿间。这是简楚教给沈歧的第四课。

那么怎么来理解简楚呢，怎么来理解那个一直走在前面，洞穿一切，却假装天真无知的被爱者呢？

这真是个坏女人，她明明知道别人对她的感情，却还假装什么都不知道，真是个坏心肠的姑娘。旁观者大抵会这样来判断她。但，身处其间的人，往往会给你截然不同的答案。沈歧就是这样。他感激她在最后一刻让他知道他做的所有事她都看在眼里，他所有的付出她都在力所能及地给予回应。

她没有啊，她只是在接受而已啊，她只是在死皮赖脸地接受着他的照顾而已啊。这算什么回应？

如果只能走到这一步，只能是朋友，同事，甚至是点头之交。如果现实里，我们无法给予某个人更大的安全感以及更强悍的支援和承诺，那么，对于这些贴心贴肺的温柔，雪花啤酒也好，饮水机也好，空调的微风风速也好，她都能够察觉，能够体会，能够心怀感动与感恩，那又怎能算不上是一种回应？

对于这些略显怯懦的爱来说，接受，在一定程度上就是很大的回应了。这是简楚教给沈歧的最后一课。

贵妃牛腩

恨，从来就是一个可怕的词

一

贵妃牛腩，是一道不容易做的菜。

叶璇在初为人妻的时候，曾经向婆婆讨教做贵妃牛腩的方法，婆婆只是十分玄乎地说了“耐心”两个字。的确，这是一道需要花上半天工夫才能做成的菜肴。你要记得每一种细小的调味品，也要记得它们的先后顺序，当然，还得等待牛肉的入味和烂熟。如果你很爱一个人，就会愿意为他耐心细致地去烹饪一道很费功夫的菜品。叶璇就是用这样的方式，在表达着她对自己的丈夫，也就是对江洲的爱的。

不过，现在叶璇不怎么下厨了。她和江洲几乎一个星期见不到一次面。江洲从很久之前开始便不愿意回家了。是的，他又有了一个愿意为他做饭的女人，她叫臣韵。江洲更喜欢去她那吃饭。

“你看过《双食记》吗？”陈风坐在叶璇的对面，大口大口喝着自己杯里的啤酒，翘腿仰面地陷在沙发里。

“没有，是个什么东西？”叶璇的眼前是满满的一杯卡布奇诺，她一口也没碰过。

“是部电影。讲的是一个吃两家食的丈夫，最后被妻子毒死的故事。”

“妻子是怎么办到的？”叶璇瞪大了眼睛，一脸恳切。

“啧啧啧，真该给你面镜子，看看你现在这个狗样。你还真想毒死他啊？”

“哪有，我就随口问问。”叶璇将伸长的脖子缩了回来，尽量保持着矜持的理智。

“喏，吃了这块蛋糕，我就告诉你。”陈风顺势将自己跟前的巧克力蛋糕推给叶璇。叶璇拿起它，大口大口地吃起来。瞧着一天未进食的叶璇终于肯吃东西了，陈风心里也总算小舒了一口气。虽然这最终还是依靠着江洲的残存魅力，陈风也只能认了。

“我吃完了，你说吧。”叶璇囫囵吞枣地吞下一整块蛋糕，看起来求知欲极其旺盛。

“她调查了情人烧给她丈夫的菜单，回家做相克的食物给他吃。两个食谱起了化学反应，最后，丈夫就被毒死咯。”

“那我倒是没有想过要他死，我只是想让他回家，让他和我在一起。”叶璇喃喃自语。陈风听着不由心头一紧，桌子底下藏着的双手渐渐握成了拳头。

二

“我们离婚吧。我不想再和你在一起了。”

江洲一直以来说话都很简洁，即使是说分开这件看起来很复杂的事，依旧不改这样的习惯。江洲这样说的时候，叶璇正在从洗衣机里将他们两个人的衣服捞出来。她猛地听见这句话，手下一松，衬衣掉在了地上。她赶忙捡起来。那是江洲很喜欢的一件衬衣，他平时总喜欢穿着它的。

叶璇一手拿着衬衣，一手拎着脸盆，走进洗手间。她打开肥皂盒，给衬衫抹上肥皂，徒手揉搓着它。她搓得很用力，白衬衣和着水，发出嚓嚓声响，飞溅起的泡沫打在她的衣服上。

江洲不知道什么时候也来到了卫生间，他站在门口没有走进来，也没走开。他只是定定地望着里头手下不停的叶璇，良久没说话。

“离婚协议书我放在房间了。”

江洲说完这句话之后，就带着他仅有的一些行李离开了。当然，这些带走的行李里，并没有叶璇努力在洗的这件白衬衫。

“他把房子还有钱，都留给了我。”洗胃之后的叶璇醒过来看见陈风说的第一句话是这样的。

陈风心里一阵恼怒，他不由冷笑：“他这么有良心，怪不得你要为他去死了。”

“你生气啦？”叶璇伸了伸手，拍了拍来人的胳膊，陈风却像触电般地躲开了。

“我生什么气？”陈风依旧气鼓鼓的，手下却没停。他边骂边给叶璇倒来了白水，用勺子一小勺一小勺地喂她。

“陈风，你，有没有……”

“有，我给他发过短信，也打过电话，他没来过。”

陈风不断搅动着杯子里的热水，一遍遍吹着它，躲避着叶璇的眼光，那悲伤的眼光让他呼吸不顺。

“我，我没有要问这个问题。”叶璇有些尴尬地笑了笑。

“别笑了，比哭还难看。”陈风翻了叶璇一个白眼，气氛有了缓解。

“起初，知道他在外面有女人的时候，我并没有做什么努力。我觉得他只是图个新鲜，最终还是会回家来的。外头的饭怎么能吃得习惯呢？可最后他还是要和我离婚。他把离婚协议书放在我们曾经一起睡觉的房间里，它被整整齐齐地放在我们的床头，轻飘飘的。拿起来，却很沉。我看见他把房子和所有的钱都留给了我，心里没有一点感动，只剩下了心灰意冷。你知道为什么吗？因为他为了和那个女人在一起，竟然选择了净身出户。他把所有的东西都给了我，只求我放他走。意识到他是在真心爱那个女人这个事实，这实在让人太伤心了。”

“那，那么，你打算放他走吗？”陈风问得很小心，生怕让叶璇听出自己心里澎湃的情绪。

“当然啦，我会一夜之间成为有钱人，何乐而不为呢？”

三

可事情却并不如叶璇想象的那么顺利。她发现她似乎控制不了自己的情绪了。在信誓旦旦答应陈风的那天，她以为她已经走出了离婚的阴影。她觉得她依靠这个婚姻赢得了一大笔财富其实也不错，她甚至还一度想象她成为有钱人之后的生活。她要养一条狗，一条长毛的萨摩耶，江洲对动物的毛发过敏，这是以前她想也没有想过的事情。她要把他们的房子卖了，去湿地边开一家小餐馆，里头的装修要用无印良品的，木质的地板，浅色的墙体，一切看起来都很自然。江洲是美式风格的拥护者，他喜欢的东西和她很不一样。可回到家之后，回到她同江洲曾经的爱巢之后，一切就变得不一样了。

这个家里处处充满了江洲的气息。他灰色的毛线拖鞋同叶璇粉色的毛线拖鞋并排放在一起，看起来是那么地登对；厨房的冰箱里，一半是她的面膜以及化妆品，一半是江洲爱喝的冰啤酒，它们满满当当地挤在一起，彼此亲密，没有半点空隙；走到房间里，抬头就可以看见他们满墙的婚纱照，六年的时间，照片里的人其实并没有太多的变化。人生真是奇怪啊，你以为时间会把你变得狼狈不堪，奇丑无比，所以你很害怕身边的人会离你而去。可，时间都还尚未开始发挥它的力量，身边的人却已经要离你而去了。所以，也不能事事都责怪时间的。

晚上，叶璇躺在原本两个人躺着的床上，久久无法入睡。说起来她也不是第一次独自成眠了，为什么偏偏在今天会睡不着呢？她的脑子里一遍遍想象着此时江洲和臣韵在一起的画面，是的，他们现在肯定已经睡着了。“竟然只有我在失眠，真是太不公平了。”叶璇猛地坐起来，拨通了江洲的电话。当然，他并没有接。江洲挂掉了她的电话，这让叶璇怒火中烧。于是，她开始拼了命地打过去。江洲按掉，她再打，又被按掉，又打，不曾间断。

“你要做什么？”江洲终于接了电话，声音低沉。

“没什么，我就看看你在干吗。”

“这么晚了，能干吗。”

“你的声音好温柔啊，是不是怕吵醒了臣韵哪？”叶璇觉得这个声音像是自己的，又不像是自己的，听起来很尖酸，原来她也有这样的声音。

“叶璇，你这样有意思吗？”江洲的言语里难掩疲惫。

“有啊，我觉得挺有意思的，你让臣韵接电话，我有话跟她说。”

“她不在，你有什么话跟我说就行了。”

他在试图保护她，他在保护她！叶璇觉得自己拽着电话的手正在发抖，她狂怒地从床上站起来，抬起没有拿着电话的另一只手，将墙上的玻璃相框一把扯了下来，重重摔在了大理石地板上。相框里的两个人被玻璃渣子割得面目全非。叶璇开始破口大骂：“江洲，我是不会离婚的，你和那个贱女人别想有什么好日子，这婚我不离！你们这对狗男女。臣韵，你给我出来，躲在别人老公背后，你还要不要脸？你这个狐狸精，你他妈还要脸不要，我想想就恶心！”叶璇从来不知道自己竟然会说这些在她的理解里十分低俗的话，她从来不知道她是会骂人的。原来恶毒是天生的，不需要练习，恨意来了，这就是人类信手拈来的本性。

江洲听叶璇嚎了将近半个小时，才挂断了电话，接着就关机了。不过拜他所赐，叶璇骂累了，反倒睡了一个好觉。醒过来的时候，她开始懊悔。她不知道此时江洲会怎样来看她。他肯定觉得她是一个媚俗的妇人，他离开她是多么正确的选择。于是她又拿起手机，给江洲发去了示弱的道歉。她在短信里一遍遍回忆他们美好的时光，一遍遍诉说着衷肠，却了无回应。接着，嫉妒暴怒的情绪又急风骤雨般光临了。这样的仇恨—愧疚—懊悔—思念—柔情—嫉妒—愤慨—仇恨……就像一个循环往复的圆，周而复始，来了又去，绝无停息之日，看起来完全没有尽头。

四

“陈风，后天有时间吗？”

“你生日，当然有时间，我都准备好了。”

“你准备了什么呀？”

“当然是陈风牌生日宴啦。”

“那你可要多加练习，我嘴很刁的。”

“遵命，夫人。”

陈风脱口而出的一句“夫人”让电话两头的男女都有些尴尬。叶璇略显别扭地挂了电话，而陈风却因为她答应了来吃饭激动不已。

终于到了吃饭的那天，陈风做了满满一大桌子的菜，左等右等不见叶璇，却等来了江洲的电话。

等他赶到出事地点，这家法国餐厅已经被叶璇砸得只剩下了门面。江洲满头大汗地抱着歇斯底里的叶璇，看见推门进来的陈风马上大喊：“你快把她带走，她疯了。”

陈风默默无言地走到他们两人跟前，看着面目狰狞、咬牙切齿的叶璇问道：“你还记得我们的生日宴吗？”

“生日宴？什么生日宴？”叶璇神色茫然，望着陈风的表情，就像他是一个陌生人。

“没什么，你们俩夫妻的破事儿，以后他妈的不要来找我。”陈风说完仅有的这句话，就转身离开了。他走得很快，身后激烈的争吵和桌椅破碎的声音再次响起来，他不由捂住了耳朵，跑开了。

最后再来说说贵妃牛肉的做法：食材——牛腩，胡萝卜。辅料——葱，姜，大料，小茴香，料酒，酱油，辣豆瓣，甜面酱，番茄酱。

牛腩洗净切块，入开水烫，去除血水和腥味。锅中加水，放入牛腩煮三十分钟。再起一个油锅，将香葱段、姜片、大料、小茴香和辣豆瓣、甜面酱、番茄酱同炒。再加入料酒、酱油略煮，倒入牛腩炒匀。最后加入水、胡萝卜，用小火焖煮一个小时。如果你想和白米饭一起食用，把它盛出来，均匀地倒在米饭上，就是很好吃的牛腩盖饭了。

当然，叶璇或许再也做不出这道原本自己十分拿手的好菜了。因为，恨，是一个如此可怕的词。

它的可怕之处在于它不是单方面的，它是双向的。被恨的人会很惨，而那个施予方会比受予方还要惨一些。它让受予方备受折磨的同时，也让施予方丧失了所有利于人类生活的积极情感。因为恨一个人的力量太过专注，它大概是最专注的一种情感模式了，所以，你忙着恨一个人的时候，几乎没有余力去做任何别的事情。你不能工作，不能思考，不会看，也不会听。你所有的诉求点都在于让对方痛苦。至于这样的痛苦是不是以你自己的损耗作为代价，你几乎已经意识不到了。

如果叶璇能够不那么专注地恨一个人，或许她就能够发现陈风了。如果她的恨意不是那么强烈，或许陈风最后也不会跑开了。是啊，我也可以写一个宽容大度、美好以及重获新生的故事，但，恨这个词实在太可怕。大部分的平凡人，也只能收获这样的结局。

薄荷

它不教你沉醉，反而教你清醒

一

“有的人是向日葵，鲜艳开朗，有的人是水仙花，温柔肃静，而你像薄荷。”马瑗听见躺在身旁的男人在她耳边这样轻轻地说。

马瑗心头一动，她觉得身边的这个男人确实是她在一直等待的那个男人，那个聪明睿智可以和她见招拆招的男人，但，她却不能给予他这样的肯定。因为，今天是他们交往的最后一天，她已经做好了心理准备，她得送他走。

蔡军等了一会儿，见马瑗只是静静地躺在他的怀里，并没有说话，于是摸了摸她有些粗糙的头发，最后一次将他的脸抵在那有些尖锐的头发上，轻轻摩擦着它们。

蔡军对马瑗是一见钟情。

马瑗是最后一个来面试的，在一下午面试了十几个媒体公关之后，蔡军从办公室出来上了个洗手间。从他们三楼的走廊往下望，他一眼就看见了底下坐在保安室旁同保安大叔相谈甚欢的马瑗。那是蔡军第一次看见一个妙龄女子优雅地端坐在沙发上，眼神同表情却很市井。她时不时拍拍保安大叔的肩膀，时不时点头称赞，将他们公司以严肃文明著称的安保系统打得溃不成军。有的姑娘看起来是糕点，有的姑娘看起来是麻辣烫，而有的姑娘就是个两面派。蔡军要招的媒体公关，就是马瑗这样上得厅堂又下得了油锅的姑娘。

马瑗很漂亮，修长的身材，白净的脸蛋，但，除了漂亮，蔡军发现她还很聪明。蔡军觉得现在聪明这个词已经被低俗化了。什么人都可以博得上聪明这句称赞。但，对他来说，聪明是个极其高段位的词。它代表着工作效率高，学习能力强，人情世故了然于胸，遇事沉着冷静，拥有敏锐的观察力，谦逊有礼，博学多思却不多虑。马瑗，是他发现的第一个他愿意用聪明这个词来形容的人。所以，蔡军喜欢她的美丽漂亮，更珍惜她是个难能可贵的聪明之人。

“如果你能早出现一年，我们一定是最令人艳羡的爱侣。”蔡军不无遗憾地说。

“是啊，”马瑗端起杯子碰了碰蔡军面前的空酒杯，玻璃杯相撞，发出银铃声响，马瑗笑着将杯中物一饮而尽，“谁叫你定力不够，跟了别人。”

是的，蔡军已经结婚了，他们的相遇并不是个好时候。

但，马瑗后来就后悔她同蔡军说了那句话。因为不止蔡军的定力不够，她自己的定力在面对她同蔡军的关系这件事上，也好不到哪去。

他们你进一尺我进一丈的关系，最终发展成了地下情侣。他们在下班之后兜风，在人烟稀少的弄堂拥抱，在放映厅的情侣包厢内接吻，最后他们的幽会地点固定了下来。马瑗从未向任何男人敞开怀抱的公寓，向蔡军敞开了大门，他成了这个套房里的男主人。

二

这一夜，马瑗失眠了。她是个从来不会失眠的人。以前蔡军半夜偷偷爬起来溜回家，她即使知道，翻个身也可以很快地睡着。因为她比谁都清楚这个男人属于谁，他原本应该在哪一张床上入睡，怀抱里应该抱着的女人有个很动听也百战不殆的名字，那个名字是“妻子”。她从来没有想过要抢夺什么的，也没有逼迫蔡军做任何的选择。那么，为什么要提出分手呢？蔡军也这样一遍遍地问她。

那么，为什么要提出分手呢？她睁着自己大大的眼睛，直勾勾地盯着吊顶上的那盏白炽灯，虽然现在的时间已经入夜，一片漆黑里她并没有看见那盏白炽灯。但她知道它就在那里，她知道它的确切位置，就在她床三分之一位置的斜上方。她那么清楚是因为，正是这盏灯让她下定了同蔡军分手的决心。

马瑗最喜欢的家具之一就是各色各样、复古又华丽的吊灯。她每换一个新的居所，就会把家里各个房间的吊灯都换成自己的收藏品。这让她对这个原本陌生空旷的环境产生奇妙的归属感。每天晚上睡觉的时候，马瑗都会开着她心爱的吊灯，数着吊灯上叮当作响的玻璃珠帘入睡。因为有这些她中意的吊灯作伴，失眠对她来说是个陌生的词。可是，后来事情就有了变化。

从来不失眠的马瑗忽然发现，如果有一天蔡军不来他们爱的小窝坐一坐，不在这张他们一起和衣而卧的床上躺一躺，如果这个房间有一天没有了他的气息，即使她将所有的吊灯都擦得锃亮，将它们都调到温暖舒适的亮度，她依旧睡不着。她甚至无数次地拿起手机，打好了对蔡军说的话，又自顾自地默默删掉，像个失婚主妇。

不知道是不是预知到了自己的功效正在慢慢丧失，有一天，她卧室那盏位于床铺正上方的吊灯没有任何征兆地，在她躺在床上的时候，整个掉了下来。它垂直地掉下来，砸中了马瑗的双腿。马瑗起初有几秒钟失神，继而就感受到了腿上传来的剧痛，破碎的玻璃渣子割破了她腿上的皮肤，零零碎碎地嵌在里头，渗出大滩殷红的血。马瑗挣扎着坐起来，将吊灯从自己的腿上推开，下意识地拿起手机给蔡军打了电话。

嘟——嘟——嘟。蔡军在最后时刻接通了电话。

“你好，蔡军。”

“吊灯掉下来了，我的腿被砸伤了，你快来。”听见蔡军的声音，马瑗竟然有些想哭。

“嗯，好的，我知道了。”蔡军平静的声音让马瑗瞬间冷静了下来。她猛然想起来，现在电话那头的人应该在什么地方，又和谁在一起。

“她在旁边吗？”马瑗不由压低了声音。

“嗯，是的。”蔡军的声音依旧平静，不带任何波澜。

“我没事，就是忽然被吓到了，打搅了，挂了吧。”马瑗觉得胸口闷闷的，她同蔡军冰火两重天的语气让她觉得很丢脸。

“好，那明天上午吧，上午碰面商量一下。你也早点休息，不要弄到太晚。”蔡军挂得极其果断。

马瑗挂掉电话之后，坐在原地酝酿了一会儿，以为自己会委屈地哭出来，但事实却是，并没有什么眼泪要掉。她愣愣地看了看漆黑屏幕的手机，又看了看地上七零八落的吊灯，笑着摇了摇头。

马瑗，你知道刚刚那一出有多像八点档的电视剧吗？通常在电视剧里你的这种角色，会在最后被所有人赏巴掌，不光是相关的人，那些不相关的人也可以让你吃巴掌。

马瑗拖着两条伤腿，一瘸一拐地走进卫生间，用淋浴头冲了冲满腿大小各异的伤口。接着坐到马桶上，用镊子将嵌在里头的玻璃一个个挑出来。她每挑一个就大骂一句蔡军，骂到他祖宗十八代的时候，终于将所有的玻璃渣子挑了个干净。接着又用冷水冲了冲，从医药箱里拿出长条纱布，逐一剪裁，包扎好全部的伤口。

第二天，在蔡军的办公室，马瑗穿着短裤，晾着她满腿的伤口，对蔡军说了那句："我们分手吧。"

三

"宝贝，你睡着了吗？"蔡军拉了拉身边女人的手。

"没呢，你要走了是吗？"

"没有，今天不用走。"

“啊，我知道了，这是分手礼物。”马瑗笑着嚷道，用双手圈住了他。

“我很难过，我说真的，不和你开玩笑。”蔡军回应着马瑗的拥抱，吻了吻她的头发。

“我没洗头，嘿嘿。”

“你这个死丫头，”蔡军用手撑起马瑗的脑袋，“你就不难过吗？难道这么长时间，只有我会舍不得吗？”

马瑗静静地盯着黑暗中蔡军那闪闪发亮的眼睛，轻轻掰开他的手，吻了吻他还要说话的嘴，附在他耳边说了好长一段话。

“我就说，你是个薄荷一样的女人。”蔡军离开的时候，不无幽怨地这样说。

薄荷，这种紫苏科的植物在中国的餐桌上不多见，在国外的料理里却是常客。做面包你能看见它，做烤肉你能看见它，甚至是调杯酒，它也是重要的组成部分。李时珍的《本草纲目》里这样来记载它：薄荷，味辛，性凉，具有疏肝解郁的功效。

薄荷还有个法文名字，叫作 menthe，这是古希腊神话故事里一个美丽的精灵的名字，我们大概可以叫她曼西。故事是这样的：传说掌管冥界的冥王哈迪斯在一次踏青之旅中邂逅了美丽的精灵曼西，他疯狂地爱上了她。但，这件事却被哈迪斯的妻子，也就是春天女神佩瑟芬妮知道了。为了让哈迪斯彻底忘记曼西，她施了法术将曼西变成了一株杂草，让她长在最随意的乡野边。这株杂草连样子看起来都非常普通。佩瑟芬妮想，这下曼西不止会被哈迪斯遗忘，甚至也会被这个世界遗忘。可是，奇怪的事情却发生了，曼西不止没被哈迪斯遗忘，还成为了所有人争相追忆的象征。因为人们发现，这株杂草带着一股天然的香气，即使它被埋藏在荒野的最深处，它的香气依旧不同寻常。人们越是踩踏它，它就越是香气四溢。而且这样的香味和花香不同，它清新，刺激，带着大自然的旷野的味道，它不教你沉醉，反而教你清醒。这就是 menthe 的由来，也是关于薄荷的所有由来里，最美丽动人的一个。

四

马瑗站在自家的阳台上，点了一支烟，烟雾缭绕的尽头是蔡军疾走而去的背影。他没有回头看过这间拥有着他同马瑗许多回忆的房间。或许是因为马瑗最后的一段话深深伤害了他的尊严，所以他生气得没有了丝毫留恋。也可能是因为这些话一下子击中了蔡军脆弱的神经，于是他只能选择仓皇逃开。

“这个世界上没有不贪心的女人，在我还没有变成那个贪心的女人之前，我们好聚好散吧。还有，蔡军，你，你也不能太贪。知道为什么吗？因为我们都是平凡人。平凡人是不可能拥有鱼与熊掌兼得的权利的。想要同时拥有两个女人或者许多个女人吗？想要又指点江山又儿女情长吗？那你必须是那根足以撬起地球的杠杆。英雄才具有道德豁免权，做英雄众多女人里的一个的我，也才不至于被人赏巴掌。”

最后，再来说说薄荷这种香料：因为它不同寻常的气味，因为它具有提神醒脑的作用，在许多国家里，它是智慧的象征。比如在罗马，学校的学生要戴薄荷皇冠。而在有些地方，女子出嫁时也会佩戴薄荷的头饰。它们都表达了一个意思，那就是希望佩戴之人拥有这许多的智慧。这些智慧可以是学习上的智力，也可以是处理男女关系时的情商。

一个像薄荷一样的女人，可能这并不是一个很讨喜的形容。她给别人的感觉并不轻松愉悦，因为智力上的旗鼓相当，甚至是反超，会让人心生压迫感。但，她自有她的魅力，在芸芸人群里，即使样貌肃穆，也有她卓尔不群的香气。

它不教你沉醉，反而教你清醒。这就是薄荷的力量了。

百合还是百合粥

唯有真心，才是手握的真实

一

“熬夜果然是年轻人的专利，有时候还是得服老。”辰溪在漆黑的房间努力睁开眼睛，只觉得浑身酸痛，喉咙发干。她摸索着床头的茶杯，勉强用手肘撑起沉重的身子，喝了一大口水。脑子里关于昨天晚上球赛的记忆已经有些模糊，好像疯狂的喊叫和咒骂是上辈子的事情。马竞在整场领先的情况下，竟然被皇马在伤停补时的最后一分钟追平。这样过于戏剧化的逆袭，只会出现在足球比赛里。刚和姜丰开始交往的时候，辰溪曾经这样兴奋地和他提起。姜丰只是推了推他的眼镜，以一贯不卑不亢的神情笑着回答：“球赛而已，不必那么当真。”

姜丰是辰溪在相了几十次亲后，终于成功的男朋友。他们交往已经差不多有个小半年了。他开着一家属于自己的小广告公司。辰溪今年正好跨入三十大关，而姜丰比她大了三岁。

相亲，怎么来解释这个词汇呢？百度百科上有着长达几页的解释。如果要笼统来说，那就是由媒人张罗，父母操心，将两个素不相识的陌生人约到一起，让他们相识相知的一系列动作。这一系列动作的最终造型，就是打扮得当的男女面对面微笑着坐在一起。你一言我一语，你露一点山的话，那我就露一点水来做交换，我们都知道大家坐在这里的目的，所以比起其他方式的相识，这个方式来得更便捷，更实际。辰溪和姜丰就是以这样的造型见面的。

那天，赶上单位开会，辰溪让姜丰在咖啡馆里等了几乎一小时。但，她的姗姗来迟并没有让姜丰不悦。他一个人坐在那里读杂志，喝茶，自得其乐。辰溪来了之后，他们互相介绍了彼此的大概情况后，就有一搭没一搭地开始闲聊。

辰溪在二十七岁到三十岁的这三年里，除了上班睡觉，做得最多的事情就是像这样和对面的陌生男人聊天，装傻充愣或者是低眉浅笑。表面看起来迷糊，眼睛却雪亮。你怎么在一顿饭的工夫里迅速判断出对面这个人和你合不合适，有没有不能改变的硬伤，这是一门学问，她必须勤加练习。而辰溪就是那种被母亲逼迫着学习之后，变得突飞猛进的好学生。

举几个例子，如果他穿戴整齐，剪了头发，面容白净，你要看的就是他的指甲。只是为了这一次见面好好整理自己的男人，基本会忽略的就是自己的指甲。男人指甲的长短，最能体现出他平日里的个人卫生。当然，有一点很重要，那就是小拇指的指甲长短。如果它的指甲很长，那么恭喜你，以后你可能要不停忍受他在人前人后掏耳朵、掏鼻屎的行为，当然，他对你好的话，还会用这个小拇指给你剥个橘子什么的。如果他的仪容无可指摘，你可以和他好好地说话，在说话的内容里，你可以发现这个人是不是有趣，有没有幽默感。他的语气是快是慢，停顿如何？如果节奏很快，还有些滔滔不绝，他不是因为不够自信有些紧张，就是个脾气有些火爆的自大狂了。再然后呢，辰溪喜欢看他对服务员甚至是其他人，总之是除去她自己的那些人的态度。如果一个人对陌生人的态度不够友好，那么就表明，这是他一贯对别人的态度。现在坐在对面的你是他要收伏的目标，自然会将你和别人区别对待。不过，等到许多年之后，你就会成为他身边不那么特殊的别人了，你希望他对你怎样呢？

当然，辰溪的这些小技巧在遇见姜丰的时候，都用上了，最后辰溪发现，姜丰要么天生就是个比较完美的男人，要么就是从长期的相亲战场上寻找到了属于自己的战甲。反正，几次的相处下来，辰溪没有发现姜丰的致命伤，于是在经过两个月的吃饭、逛街、看电影，看电影、逛街、吃饭，这样循环往复的约会后，辰溪和姜丰成为了一对。

二

辰溪和姜丰的恋爱谈得很顺遂。他们每周约会一到两次，时间大约都是在周末。辰溪睡个懒觉，姜丰来载她去吃饭，有时候是日本料理，有时候是西餐牛排，有时候是湘菜。接着他们会去影院看一部近期上映的新电影，然后，姜丰载辰溪回家。回家的路上，他们会聊一聊彼此对于这部电影的想法，有时候他们的看法很一致，有时候也会显得很不同。不过，不同的时候，他们也不怎么会争辩，他们似乎没有一定要说服对方的想法。不止是看电影这一件事，他们在做其他事情的时候，也没有试图改变对方的想法。与其说是想法，辰溪觉得更应该将它称作冲动。

是的，他们没有试图改变对方的冲动。就像辰溪喜欢足球，而姜丰不喜欢，辰溪就和喜欢看球的朋友一起去看球，姜丰不会来，辰溪也从没有叫过。一开始，她有没有尝试这样去做过？辰溪已经不记得了。

因为想到了足球，所以顺带就想到了姜丰，于是辰溪躺在昏暗的房间里，从桌边拿过手机。时间已经是下午两点，她从早上六点开始睡，已经过去了八个小时。她下意识地打开微信，和姜丰的聊天框并未显示有新消息，辰溪点开它，发现距离上一次聊天，已经过去了两天时间。姜丰最后一条消息是“我去打球了，回见”。辰溪的心里说不上失不失望，她漫无目的地翻看着他们之间的聊天记录。

“起床了，上班路上。”

“今天差点迟到。”

“晚安。”

“不要加班到太晚。”

“过两天要去出差，大概下周回来。”

辰溪忽然觉得，他们之间的聊天记录好像手机上设置的自动回复的内容集锦，想到这里，她不由地笑出了声。

那天熬夜看了欧冠之后，辰溪就没来由地感冒了。发干发涩的喉咙最后发展到无法开口说话，体温也一直没有恢复到正常指标。关于要不要请姜丰陪自己去打点滴这一件事，辰溪反复思考了很久。不知道从什么时候开始，对于自己一个人可以做的事情，辰溪不再愿意假手他人，即使有时候心里会生出“好想有人知道我生病了”“好想有人来陪陪我”“好想有人在身边知道我原来很辛苦”这样那样的小情绪，但，总会觉得那些矫揉造作的姿态有些羞耻。年纪越大，那些小时候撒泼打诨卖萌装傻的小桥段，就会让你越来越感觉到羞耻。

“你在干吗？”

“在开会。”

姜丰的回复是闭合型的，这让原本克服了羞耻感的辰溪有些沮丧。不过，她还是决定再尝试一次。

“很忙吗？我好像发烧了。”

消息回得很快，却不是辰溪希望看见的内容。

“那你好好休息，我晚上来看你。”

姜丰来的时候，已经接近晚上十点，他提早了半小时给辰溪来了电话。辰溪知道，那是给她半小时准备的时间。于是她从被窝里再一次爬起来，选好衣服，化好妆容，将头发高高绑起。姜丰并没有上楼，他的车在楼下停着，他靠在车门边，看见辰溪下来，轻轻将她搂在怀里。辰溪有气无力地靠在姜丰肩头，忽然有些软弱，不知道是因为姜丰温暖的拥抱，还是因为对他的思念。但，姜丰似乎并没有给辰溪时间。他将她松开，拉起她的手，带她走到后备厢，略带神秘地冲着辰溪微笑：“亲爱的，来，打开它。”

后备厢开了，里面是簇簇拥拥的百合。辰溪来不及数，大概有一百朵之多吧。它们黄色的花蕾上吐着金色的心，白色的花瓣张牙舞爪，每一朵和每一朵之间没有任何缝隙，几乎挤得让人无法呼吸。

在姜丰走后不久，一天没有进食的辰溪因为肚子饿出门觅食。她在彻夜开业的粥店里要了一碗莲子百合粥。这家粥店由于是通宵的，在夜里总是有很多人光顾它。辰溪穿过三三两两的食客，在玻璃窗边的一个角落寻到了空位。粥上得很快，莲子已经去了心，百合干咬在嘴里微苦，白色黏稠的粥微微带着冰糖的甜味。辰溪一口一口慢慢地吃着它们，猛然发现整个大厅里，只有她一个是在孤零零地坐着。只有她一人对面的位置空空如也，只有她一个人的眼光望出去是没有着落的。她忽然感觉到了一丝窘迫，其实并没有人看她，那些吃饭的人怎么会看她，他们眼里只有彼此。辰溪慌张地将头转向窗外，外头闪烁的霓虹刺得她满眼生疼。车流如水，匆匆而过，而她再一次明白，一直以来，她并不曾有过人陪伴。

三

“好美的百合花啊。”每一个来辰溪家看望辰溪的朋友都这样说。“辰溪，你好幸福。”他们还这样和辰溪说。辰溪不知道该怎么和所有人说她看见这束百合花的心情。她不知道怎样来告诉他们，在她的眼里，这娇艳的百合花不是礼物，而是扎扎实实地向辰溪彰显了某一些披着爱情外表的谎言的可怕的证言。她花了好长时间才说服母亲接受了她和姜丰分手，这样一遍遍的说服就像当时她向姜丰提出分手一样，让人费解。姜丰也不理解她，不理解为什么从来不吵架的他们，一直顺风顺水、不费吹灰之力的、原本可以进入婚姻殿堂的他们要分开，为什么自己送了一束又大又美丽的百合花，却迎来了分手的结局。但，姜丰并没有做太多的挽留。他就像当初他们初次见面时一样，在确定了辰溪的心意之后，优雅地转身离开。而说服母亲，却没有那么容易。直到现在，母亲提起姜丰来，依旧心有不舍。

当然，在那之后，辰溪再一次加入了相亲阵营，直到现在，依旧未脱队。不过，如果你要辰溪再来说说她的相亲理论，她会在那些小技巧上，加上几条。而且她还说，这是最重要的几条，要记住咯。

第一，比仪容更重要的是对面之人的眼神。他看你的眼神里有没有光彩，他的定焦在不在你身上，比他有没有为了这一次约会梳洗打扮要重要一百倍。

第二，比说话内容更重要的是对面之人说话的方式。他会不会适时地提问，这代表了他对你是否充满好奇。好奇是感兴趣的最直接表现。如果他不发问，对你的从前、你的喜好没有求知欲，那就表示他对你没有好感。而那些你以为的聊得来，只是社交礼仪罢了。

第三，百合粥永远比百合来得重要。你去看你生病的同事，为了方便你会买一束美丽的、香气逼人的花，既不会惹来厌烦，也不用花费太多心思。所以，百合是礼仪的部分，而百合粥却是关心的部分，是情感的部分。你难道会以为百合和百合粥是一样东西？

在比别人都慢了一步，甚至慢了很多步的情感道路上，我们很容易为了追赶上别人的步伐而进行某些权衡。在这样的权衡里，很多东西都可以牺牲，比如习惯、兴趣爱好，乃至某些事情的输赢。但，只有一件东西，要努力保留在手里，那就是真实的情感。即使是成人式的克制隐忍的交往模式，也必须拥有那些关心、好奇、疼爱等真实情感以作为根基。

炸鸡和啤酒

爱情，它本是个好东西

一

天花板的灯忽然之间灭了一下，接着又迅速恢复正常，附和着外头雷雨大作的夜，像是某一部灾难电影的开场。

高烨看了看电脑上显示的时间，离平安夜过去只有短短的几分钟。作为一个失恋整整一周年的女人来说，可以有一个亟待完成的工作当借口，在这样一个彰显幸福的节日里，以冠冕堂皇的理由独守办公桌，实在是一件很幸运的事情。

“烨烨，你今天有什么安排？”

“哦，这两天好忙，要赶一篇四个版面的专栏，没时间过节耶。”

每每回答诸如此类的问题的时候，高烨都将声音轻微地压低一些，摊开双手，瞪大眼睛，微微撅嘴，将分身乏术的遗憾演绎得恰如其分："如果不是那么忙，不是要赶稿子，这样一个美好的节日，我怎么会错过呢？"

而实际情况却是这样的。她的专栏明明可以提前好几天完成，却一拖再拖，仿佛潜意识里就在等着这样的一个漫无止境的长夜。每一个人的朋友圈和微博里都在晒着红烛、圣诞帽、艳红色的苹果的时候，她白底黑字的工作文稿让她显得格外惹眼和庄重。不知道从什么时候开始，高烨喜欢上了"不合时宜"这个词。在众人安静的时候大笑，在西餐厅里哼黄梅调，在酒吧里喝橙汁，却又在咖啡吧里嚷着要啤酒。在白天的时候昏昏欲睡，在夜里又只能瞪大眼睛。还比如现在，主编让她写一篇韩国美食的文稿，而她偏要另辟蹊径，将它变成了，韩国影视剧引领下的新味道。

这是一篇多么可怕的新文稿，起初高烨并没有意识到。她也有过一段对韩剧痴迷的日子，那还是在读大学的时候。《蓝色生死恋》《浪漫满屋》《我的女孩》《豪杰春香》《大长今》《我是金三顺》《夏日香气》《宫》《咖啡王子一号店》。不过即使是在大家都喜欢韩剧的年纪，她也有一些不合时宜的小爱好。和大部分喜欢男一号的女观众不同，她总是青睐那些吃力不讨好的男二号。比如，《豪杰春香》里，她喜欢绅士的社长多于帅气的李梦龙。《蓝色生死恋》里，她喜欢敢爱敢恨的元彬多过终日眉头深锁的宋承宪。《大长今》里，她喜欢励精图治的皇帝多于温文尔雅的池大人。诸如此类。

高烨觉得，性格决定命运是一句真理。

从小，她就是个有些古怪的女孩子。别人喜欢洋娃娃，她偏偏对变形金刚痴迷；别人喜欢看童话故事，她却最爱缠着爸爸给她讲白发魔女；别人学习琴棋书画时，她开始迷恋上电子游戏。而她的初恋，就是网吧里坐在自己身边打 CS 打得特别好的小子。当然，这一段初恋并没有给她带来什么好的回忆。这个 CS 小子，除了打游戏之外的另一个爱好，就是带着高烨偷溜进电影院里看电影。当然，你要是以为他是个多么热爱文艺片的有志青年就太天真了。他只是好奇于高烨刚刚丰满起来的女性身体而已。只要影厅里的灯一黑，就是他特别忙的时候。首先凑上来的肯定是嘴，然后是一双冰凉干燥的手。当然，你也不能呆呆地坐着，你必须有所回应才行。这时候，你可以尝试着面向他，将他的手放在你的胸口，以免它们继续往下走。你也可以把你的脖子迎上去，堵住他的嘴，这样，就可以避免生涩的亲吻，让你的整张脸变得湿答答的。

二

湿答答，是高烨对于初恋的最深印象，因为印象太过浓烈，所以在她遇见赵晖的时候，在他安静地坐在自己身边认真看电影的时候，她产生了莫名的好感。而这样的好感持续时间之长、之浓烈，远远超过了她的预料。这样的好感在一次次的见面之后不减反增，并且在他坦言自己已经有了未婚妻之后，依旧不曾减退。

赵晖的未婚妻和赵晖是青梅竹马的关系，两家人也早早地就定了亲家。赵晖在一家大型的IT公司任职，而他的未婚妻则是一名室内设计师。赵晖和高烨是在朋友的婚礼上认识的，一个伴郎，一个伴娘，伴郎伴娘被哄着做了许多暧昧的事，两人心里却都是乐滋滋的。比较起来，他们算得上是一见钟情。高烨很长一段时间都心存幻想。想着，他们还没有结婚，没有盖棺论定的话，那么自己还是有机会的。于是，她开始成为了被动等待的那一方。和一般的情侣不同，大多数的时候，她都是在等待着。她等着赵晖的召唤，等着他和未婚妻约会之后赶过来。情人节在15号过，圣诞节在26号过，七夕节在初八过。她是赵晖第二顺位上的姑娘，还是个心怀着终有一日可以爬上第一顺位的宝座的极大野心的姑娘。

高烨花了足足三年的时间谋权篡位，当然，最后的结果以一年前，未婚妻终于变成人妻而告终。高烨以她打游戏时训练的极强忍耐力为武器，满心以为他们激情四射的关系足以动摇细水长流的儿时伙伴。可是，最终赵晖的决定让她明白，爱情或许可以称得上是这个世界仅存的几件纯粹的东西之一，但婚姻绝然不会位列其中。婚姻是多方权衡的结果，是一个漫长的公约，在婚姻里，爱情是诱因却绝不会变成主导。最后，赵晖留下了一句值得高烨依旧深爱他的话作为他们关系的收尾。

他是这么说的："高烨，你很特别，但绝大多数时候，男人都不习惯特别这个词，我们都是懒人，不喜欢做费心费力的事。"

相处近乎三年，博得一句特别，也明白了鲜知世事的女人才最适合婚姻。高烨也不知道是该心怀感激还是该赏给他一个反手巴掌。

三

关于韩国影视剧引领下的新味道这个选题，主编显得十分满意。她的要求很简单，要让人看完之后除了觉得美食诱人，也要有种鼓舞人心的幸福感。写好吃的食物，其实很简单，入口即化，肉汁饱满，松脆可口，清淡爽滑，只要掌握了白描的手法，即使是一盘屎，也能写得甜腻诱人。可是幸福就不同了。什么样的词汇是用来描述幸福感的？暖洋洋，甜滋滋，乐呵呵，这样的词汇除了傻到让人发笑之外，没有任何意义。高烨一直认为，幸福其实是个形容词也是个动词，可是，这个世界上只有名词才能用各种形容词和动词来描绘。所以，描绘出幸福这样的形容词，并不是她的长处。就像爱一个人一样，同样不是她的长处。

所以，她喜欢男二号永远多过于男一号，也是因为他们同样不擅此道。因为不擅此道，所以一直是失败的那一个。人总是会在很多地方寻找属于自己的那个回应。比起那些最终拥有美好姻缘的主角，在这些烘托他们的配角身上，高烨总是忍不住在那里投射出自己对于所谓的幸福求而不得的模样。不过，总的来说，他们同她有一点最类似，那就是即使身处在悲剧性的角色里，依旧努力保持一种积极的态度与精神，即使这样的态度里带着很大程度上的牺牲精神。越牺牲，越痛苦；越痛苦，越伟大。她对于赵晖的感情就是如此吧。越退让，越隐忍；越隐忍，越珍贵；越珍贵，越舍不得放手。然后就有了一种莫名的自虐般的自我肯定与自我感动。所以仔细思索起来，她对赵晖的爱，归根结底，是她对自己爱得如此不求回报的状态的痴迷。很多时候，我们只是在爱爱情本身，而不是对面的人类。

凌晨三点，在快速拉了近乎二十部近期红极一时的韩剧后，高烨完成了六千字的初稿。中途她没有看过手机，重新拿起来，手机上已经有了二十条未读信息。有十几条是朋友们的圣诞祝福，有一条是明天的天气预报，最后一条信息，没有署名，但高烨记得这个电话号码，那是一年未联系的赵晖。

信息是这样的：“看了你的微博，这么晚还在单位加班，我在你单位楼下，好了就下来。”

高烨看了看信息发来的时间，已经过去了两个小时。高烨站起来，站在玻璃窗前往下看，外头依旧下着大雨。赵晖的黑色轿车在大厦底下闪着微光，看着很温暖。为什么他会在时隔一年之后再来找自己，为什么今天他不用陪自己的妻子？他如此执着地站在楼下等，究竟有什么话要对她说？他是不是想要告诉她，他后悔了，他的婚姻其实是个灾难，那个女人一点都不可爱？

在和赵晖结束之后，高烨试想过一万种他们再见面的场景。今天这样的场景其实在她的预料之内。可是预料之外的事情却是，高烨一点都不想下去同他见面。她不再在意他来找她的理由，也不再关注他们的婚姻是否幸福依旧，她甚至都不想听他对她的赞美。一年的时间，很多事情都在改变。

高烨这样想着，轻轻拉下了窗帘。

2014年2月14日，《风尚美食》第四版《韩国影视剧带来的新味道》文章摘取：

“初雪的时候，一定要吃炸鸡，喝啤酒。”这是最近最红的韩剧《来自星星的你》里，千颂伊的名言。正是这样的一句话，引来了全球吃炸鸡、喝啤酒的一股风潮。为了写这样的一篇文稿，小编也特意买了一瓶啤酒，独自坐在肯德基里，点了一块原味鸡。可是，一口啤酒一口炸鸡真的好吃吗？不得不摸着良心来告诉大家，一点都不好吃呀。啤酒的涩味抢去了炸鸡原本的炙烤香，而一罐啤酒一盘炸鸡的搭配，远远看起来真的像个神经病呀。

但是，为什么千颂伊会喜欢这样的搭配呢？因为这是小时候，千颂伊对于父亲的回忆。同慈爱的父亲一起吃热腾腾的炸鸡，然后喝着啤酒互相说话，即使是在下雪的冷冬，依旧感受不到寒意。是这样的美好回忆，发酵出了美好的味蕾错觉。是身边一起吃炸鸡喝啤酒的人带来了味蕾错觉，而不是食物本身。

爱情，是一种美好的错觉，很多人都这样来形容它。

因为起初有距离的两个人互相带来的神秘感，会让人产生无限的遐想空间。然后，这样的遐想空间随着距离的缩减渐渐变小，最后变得拥挤，甚至令人窒息。这个时候，我们往往会抱怨，这是个不好的爱情。

可是，爱情，从来都是好的，变得不好的其实只是身处其间的我们而已。如果身边的人，是能够给你带来愉悦感的人，那么啤酒配炸鸡，就胜过任何一道美味菜肴。反过来，如果身边的人无法带来舒适与快乐，那么即使你们对坐着在吃满汉全席，它们依旧显得了无生趣。当你遇见不好的味道时，千万不要误会了爱情，只是与你拆招的人不对，并不是它的错。

爱情，无法开口说话，无法替自己辩解，无法在你耳边字正腔圆地告诉你，它一直以来都是一种美好的、温暖的、充满幸福味道的情感体验。

爱情，它本是个好东西。

CHAPTER 2

爱，本就是人间烟火

落入现实的爱情和走出幻想的人都是一样的，如果没有辨别真实与虚构的能力，便只能得到失望。

红酒烩兔肉

两个截然不同的人，是互补还是消耗

一

收音机里播的是“主编一周新闻播报”：一年一度的春运潮再度来袭，您回家过年么；温州房价连续二十九个月下跌，温州楼市是否濒临崩盘；贾斯汀·比伯因超速再度被捕，据悉当时他正在嗑药；冯小刚再度开骂，《私人订制》究竟是否为世纪烂片……在男主播用略带港台腔的声音快速播报杭州近期自来水存在异味的时候，唐山转动了调频钮。喇叭里港台腔的男声不见了，取而代之的是一对男女主持正说着笑话，男人不知道说了一句什么好笑的，女生发出高亢乃至略带神经质的笑声，这样的笑在凌晨时分从喇叭里传出来，吓了唐山一跳。他想广播里的这两个人应该十分热爱自己的工作吧，在午夜两点的时候，很少有一个频道还能拥有这么热烈的氛围。他这样想着，竟然对里头的人肃然起敬起来，不过即使心里生出可笑的敬意，他还是继续转动了调频钮。手机广告，移动4G广告，房产广告，然后是一个频道在放歌曲，一个女人思念着一去不复返的男人，贪婪着他的气味，显得卑微而凄惨。又是一个频道在讲笑话，唐山尝试着听了一个，希望可以笑出来，但是发现这实在是太难了。最后，他选择了关掉广播。

遇见西子的时候，正是唐山选择关掉广播的时候。他刚关掉广播，抬眼就看见十字路口站着一个女孩。杭州接近2月的天气仍然很寒冷，女孩似乎只穿了一件艳红色的呢制罩衫，露出一双洁白的长腿。因为那双腿又直又白，很好看，所以唐山止不住多看了几眼。唐山放慢了车速才发现红衣女孩怀里还抱着一个白色的线团，她一手抱着它，一手正在冲着马路招手，似乎是在拦车。唐山将车又开得近了点，才终于看清，那白色的线团是一只白色的小狗。小狗正在流血，左腿应该是被车碾过去了，现在已经血肉模糊，没了筋骨。

“怎么回事？”唐山将车停了下来，摇下车窗。

那女孩看到终于有人停下车，情绪十分激动。

“它被车撞了，没有的士也没人停车，你能带我去宠物医院吗？”

“上车吧。”

唐山和西子的结识，就缘于那一晚的救狗事件。

一开始唐山以为那条小狗是西子的，后来才知道，其实那晚西子只不过是回家路过那里，而受伤的小狗也只是一只普通的流浪狗。小狗伤好之后，西子收养了它，给它取了个名字叫作叮当。有时候，唐山也会觉得奇怪，那个晚上他怎么会停下车，还让一个陌生的女人以及一只不停流血的狗上了他的福特车。事后，唐山足足花了一个星期才将后座上的血迹清洗干净，而那股流浪狗的臊味，即使他喷了整整一瓶CK香水，依旧倔强地没有消散。那么，什么好处也没占到，究竟是什么原因促使他停了车？或许只能归结于西子那双漂亮的大长腿了。因为思来想去都只有这一个尚且可以称得上原因的原因。所以在这个原因的主人来邀请自己吃饭以表谢意的时候，唐山想也没想就答应了。

西子请唐山吃饭的地方在望江门，青石板小巷子里坑坑洼洼，满是水渍，几步一个的大排档摊位里，时不时飞出一些垃圾和几盆污水。和踩着高跟鞋依旧在前头健步如飞的西子不同，唐山每走一步，都要将裤管拉一拉。侧身闪过拿着啤酒瓶叫嚣着的小贩时，尽量收起自己小小的啤酒肚，以免别人身上的油渍蹭到他为了这次见面特意搭配的IUSS限量版衬衫上。两个人一张大圆桌，满满一桌子的海鲜以及浆汁充足的烧烤，他们俩面对面坐着，中间隔着这许多的菜和热气腾腾的青烟，一点都不亲密。这和唐山幻想的烛光晚餐二人世界太不一样了，而且西子这一次还穿了一条花色的长裙，他连大长腿都没看见。

二

早晨六点，起床。

刷牙，洗脸，穿昨天搭配好的衣服，然后烤上面包。唐山喜欢吃烤到七分焦的面包，白色的酵母杆菌被烤得焦黄，咬下去松松脆脆的，满嘴都是焦尸的肉味，充满饱足感。

六点四十分发动福特车，出门。

从天目山路转南山路接着再走西湖隧道，然后到达A院。时间是七点三十五分。

进A院是唐山读医大时候的梦想，如今梦想终于照进现实，却让他对以前坚持的梦想有些犹疑。这一个星期都是他的门诊，所以他每天都按时来，按时走。呼吸科是所有科室里最门庭若市的，他一天起码得看七八十号的病人。每个病人的问题都大体相同，插体温计，看舌苔，问病史，然后开药打点滴，接着叫下一个。唐山认为，能够将感情同工作割裂开来处理，是一件很好的事情。不感情用事，是他的长处。

如果你凑巧这个时候从呼吸科室的门口经过，如果你会不经意地往里看，你会看见面目沉静的唐山正在快速看诊：他很少抬头，也很少和病人对视，认真地思考，在病历上写字，神情很庄重，像是在修一块零件精密的怀表。其实，不止是工作，唐山做很多事情的时候都像在修理怀表。有时候他甚至觉得现在自己所处的世界就像一块巨大的怀表。小的时候，这块怀表走得很慢，和他的节奏挺类似的。他可以随时停下来休憩，想做什么都来得及。后来这个怀表走得越来越快，长满树的森林变成了公园，海洋成了滩涂，喜欢的女孩从少女变成姑娘然后迅速成为一个孩子的母亲，素面朝天，不计较自己是否美丽，甚至不再掩藏自己的缺点。为了适应这块走得越来越快的怀表，他不得不变换自己的节奏。他按时出门，按时睡觉，按时熨洗衣物，和美丽年轻的姑娘约会，克制从容地做爱，很少做梦。然后他变成了一个修补漏洞的工人。

他是在和西子吃第三次饭的时候，告诉了她他觉得这个世界是块走得太快的怀表的想法。西子听得认真。

“世界是块走得越来越快的怀表吗？我觉得世界一直没变，星辰一直绕着太阳走，地球一直在自转，四季交替着轮番上场。在变的不是这个世界，只是人而已。我们才是怀表吧，一块又一块怀表存在在这个世界里，越来越快，越来越快。可是，我又因为我们可以是怀表而感到庆幸。一成不变地永远存在，有什么意思。要投身其中，我认为这是生活的意义。”

达利和妻子加拉晚年的时候养了一只兔子当作宠物。小兔子成为了他们家庭的一员。可是有一次达利和加拉要出门远游，不能带上兔子，这让二人有些担心。第二天，达利在收拾行李，而加拉像往常一样在厨房做着早餐。吃饭时，不知是不是因为出游的好心情带来了好胃口，达利觉得今天的饭菜特别可口。

“亲爱的，今天的早餐真美味，好像牛肉比平时的还要嫩。”达利边嚼着红肉，边称赞。

加拉显得很吃惊：“哦，亲爱的，这不是牛肉呀，这是兔肉，红酒烩兔肉。”

达利听到这里，猛地站起来，冲进洗手间，将他晚年时的好朋友吐在了台盆里。而坐在餐厅里的加拉却是完全不同的神情。她依旧坦荡地吃着盘里的菜，细嚼慢咽，表情幸福。加拉觉得能够将她喜爱的东西通过咀嚼，滑过咽喉，进入胃，最终和血液骨骼融为一体，这才是真正意义上的在一起。她和保持精神与肉体割裂想法的达利是截然不同的两类人。

这样看来，唐山更像达利，而西子则更趋近于加拉。她将自己很好地安顿在她的肉体里，她是比唐山更适合怀表时代的超人。

三

“唐山，明晚我生日，来吃饭。西子。”

唐山在去吃饭的路上，经过星巴克，思考着去参加生日会还是应该带份礼物，于是进去挑了一个樱花图样的保温杯。他没赶上吃饭，只赶上了下半场的KTV。

叮当痊愈之后，就一直在用三条腿走路，即使第四条腿已经可以随意行动。它似乎已经习惯了它的不存在，变成了一条躯体完备的残疾狗。西子觉得唐山和她遇见过的其他人都不同，她觉得他就像叮当一样，有些固执地坚持着自己的习惯，即使放下这条腿可以跑得更快，去更远的地方，他却依旧选择用三条腿笨拙地前行着，就像在坚持着某种信仰。起初，她只是好奇，后来竟然开始欣赏起了他的这种笨拙。如果所有的怀表都在不停地往前，只有一块怀表在笃定地向后，那么这种不怕孤独的静默的笃定，就是种十分稀少的美德。

八点二十分，这块笃定的怀表进了KTV。他将手里的星巴克手袋递给西子，轻声说了句“生日快乐”，然后就近坐在了她身边。西子的歌声很悦耳，带着年轻女孩特有的娇美，却又有一股难得的力度。她喜欢唱老歌，唱起《历史的天空》，表情认真，吐字准确，郑重自持的嘴唇让唐山讶异。

“干吗？你以为只有走得慢的怀表才愿意回头看吗？还有，这份礼物，你是在刚才来的路上经过星巴克买的吧？”唐山被一语说中难掩惊慌，西子却附在他冰凉的耳边，轻声说：“没关系，我虽然知道，但并不介意。用来讨好人的东西，用不用心一点都不重要。因为，我也不喜欢讨好这个举动，这和对你好是两码事。”是的，你必须分得清讨好和对你好之间的区别。讨好或许更加夺目灿烂，因为充满戏剧性而令人怦然心动。可是，它却带着极强的目的性。它是让鱼上钩的鱼饵，它要求得到丰厚的回报。那么对你好呢？它并无具体的目的，像放芙蓉花盆的阳台，玻璃茶几上的木质杯垫，唱歌时在旁边不喝彩只负责切歌的人。如果一定要说一个目的，它唯一的目的，只是试图让你觉得快乐与舒适。

西子的生日宴，一直持续到凌晨，身边的人陆陆续续地起身离开，最后，在这间热闹又空旷的包厢里，只剩下了倚靠在一起的这一对男女。西子靠得很近，唐山可以闻到女孩身上的味道。那并不是什么很好闻的味道，混着烟味、酒味以及脂粉味。可是，唐山并不觉得有多糟糕，他反倒觉得很踏实，他不由深吸了一口气，虽然一整晚都没吃什么东西，却同样拥有了满满的饱足感。这真是一件怪事。

两个截然不同的人，真的走在一起，是会起到互补的效应，还是只不过是在彼此消耗？当然，加拉和达利最终走过了一辈子，即使他们在最初的基础上，从来没有得到过统一。但，不同，让他们更笃定于自己的坚持，也让他们对彼此充满敬畏。

所以，不能同吃一盘红酒烩兔肉，其实并不是什么不可逾越的障碍，它并没看上去的那么了不起。

酸菜肉丝面

唯有时光恒常如新

一

处理完最后一个公文已经临近下班时间。陈浩告诉过翁巧遇今天要加班到很晚，所以，他并不是很着急离开自己的办公室。玻璃窗外面的隔间里，何琳已经开始收拾东西了，陈浩用余光瞥见她今天穿了一件横条纹的黑白色连身短裙，热裤的裤管只露出了一点点的蓝边，一双白皙笔直的长腿踩着高跟鞋。何琳今天绑了高高的马尾，整体装扮是陈浩之前没有见过的，显得十分清新和活泼。当然，何琳还很年轻，二十出头的年纪，总是充满了像陈浩这样的中年人所缺乏的新鲜劲儿。陈浩不得不承认，他最初被何琳吸引，正是因为这样每天不重样的模样，让人充满惊喜，从而得以保持一种稳固的激情。

“我去停车场等你，不见不散哦。”何琳的信息伴随着她同同事们挥手再见的背影一同出现。陈浩在自己的办公室点了一支烟，抽完正好过去了十分钟，接着他再慢悠悠地收拾着公文包，出了办公室门。

“陈总，生日快乐。”他的员工们纷纷对他这样说。陈浩以平常惯有的优雅向所有人致谢，踩着轻松自由的步伐，走向了停车场。远远地就看见那辆香槟色的凯迪拉克忽然亮了一下闪光灯，陈浩不自觉地加快了脚步。他以矫健的身手坐上了车，动作快得就像他年轻时候踢球的速度。何琳看见他坐在自己的身边，妩媚又腼腆地笑了笑。陈浩最喜欢她这样的笑容，带着少女的娇羞，又充满了独属于女性的魅力。

“今天你生日不回家和她过，真的可以吗？”陈浩觉得何琳不止动人还很体贴。于是他伸手拍了拍女孩的脑袋，笑着说：“没事，我和她说了要晚点回去。”何琳听到这里，双眼放光：“真的？可以到多晚？可以不用回去吗？”陈浩摇了摇头：“傻姑娘，当然不可以。”

坐在一旁的姑娘显得很失望，她垂头丧气地坐着，双手轻握在一起。陈浩觉得连她垂头丧气的姿态都让他好欢喜，于是伸手将女孩搂在怀里。

二

翁巧遇下班到家并没有急着开始做饭，原本她准备做一大桌子的菜，准备给陈浩过生日，不过，陈浩说他要加班，也就作罢了。以前她还是个姑娘的时候，并不喜欢生火做饭，后来遇见陈浩谈起恋爱来，就对做饭这件事情很痴迷。陈浩比她大三岁，她还是个初出茅庐的应届大学毕业生时，陈浩已经可以独当一面地和客户谈单子了。那时，他们在一个单位，陈浩对于工作的自信心与能力让翁巧遇很是崇拜。自己崇拜的人后来竟向自己表白，这让翁巧遇觉得很幸福。当然，他们的婚姻也比一般人的看起来顺遂很多。在一起十五年的时间，几乎没有怎么发生过争吵。孩子也很顺利地长大了，现在正在寄宿学校念初中。

因为只需要解决她自己的伙食问题，所以翁巧遇只是简单地将早上的白粥加热，随便吃了一点，就开始着手准备起陈浩的生日礼物来。

香槟色的凯迪拉克在龙井路上一路疾驰，最终停在了一家古典韵味浓厚的茶室前。

“知道你是老人家，喜欢这种调调的东西，所以我特意提前一星期预订的，怎么样，喜欢吗？”

“喜欢，喜欢。”

“这里的菜和茶都很好的。”何琳说完就拉起陈浩的手，小跳步着往里走。陈浩看着她雀跃的身影，觉得自己也变得年轻起来。

何琳是他亲自招进的新人，顶替之前请了产假的小林，做了他的私人秘书。陈浩看中她细心，耐心，也聪明。但，最打动他的是何琳表现出来的勇敢，这种勇敢是只有刚入社会的年轻人才有的勇敢，是那种明明很害怕，很怯懦，却要假装轻松与自信的勇敢，是会被人一眼就看穿的勇敢。

“给，送你的礼物，知道你肯定什么都不缺，但希望你可以带着它。”

何琳送给陈浩的是一支钢笔，陈浩没有料到会收到这样的礼物，也不知道自己没来由的感动是怎么回事。他情不自禁地吻了吻何琳粉色的嘴唇：“你的室友出差还没回来吧？去你那儿吧。”

三

十一点整，翁巧遇开始往锅里下面条，待到面条煮得酥软，再捞出来过一遍冷水，接着将切好的肉丝加佐料爆炒盛盘，然后拿出一早就熬好的排骨高汤倒进锅里，将沥干的面条倒进去。面条遇水变得柔软，高汤加热后，散发出诱人的肉香。加入自家做好的酸菜，最后按照陈浩的口味调了咸淡，再将爆炒好的肉丝铺在上头，盛出，用碗盖上保温。长寿面看起来味道好极了，翁巧遇希望陈浩可以在十二点前回来吃掉它。

但，陈浩并没有在十二点前回来，他轻手轻脚回来的时间已经接近凌晨两点。客厅的灯依旧亮着，但翁巧遇并不在那里。她早就睡了，对于丈夫的晚归并没有过多的情绪。陈浩脱了鞋，沉重的身体重重地摔在布艺沙发里，闭目养神了好一会儿，才瞥见了茶几上的碗筷以及翁巧遇的生日卡片。

"老陈，生日快乐，很高兴我们又好好地、平安地度过了一年，希望你永远快乐健康。面条如果冷了就别吃了，对胃不好。"

卡片的旁边还有一个用红色锡纸包裹着的盒子，应该是翁巧遇送给他的生日礼物，虽然不会有太多惊喜，但，陈浩还是面带微笑地打开了盖子。里面放着的是一本厚厚的相册。第一页，是陈浩的百日照。上面写着一行娟秀的小字："这个小子会在很多年以后遇见第二页里的姑娘。"陈浩顺着文字的指引翻过去，就看见了一个襁褓里的女婴，虽然只有几个月大，但眉眼里已经有了自己妻子日后的模样。接着是初次约会时的合影，白衬衫、牛仔短裤的翁巧遇，小巧的头倚靠在他的肩膀上，笑容灿烂，那弯弯的笑眼，利索的马尾，乍一看，把陈浩吓得不轻。照片里的少女竟然和何琳有些许神似，陈浩不由坐直了身子。他仔细地端详着这张照片，这样的眼睛、嘴巴、眉毛、轮廓，都是自己的妻子无疑，可为什么自己的妻子却和自己的情人有些古怪的相像？陈浩继续翻着翁巧遇制作的画册，嗯，后来的照片，就渐渐变得不再那么相像了。渐渐地，照片里的人和现在在屋子里睡着的女人越来越相近，直到再也看不出少女的姿态来。

四

韩国有一个导演叫金基德，他的所有电影都是极少的对白，极简的场景，同所有人割裂的环境。但，就是这样安静的电影，却并不沉默，它总是说很多事情，表达很多情绪，用简单直接甚至是粗暴的方式告诉你，这个世界有多么地残酷，也就同时有多么地温柔。在金基德众多的故事里，有一个说时间的故事，特别有趣。

故事里男主角和女主角是一对十分相爱的情侣，后来女主角渐渐发现男主角对自己失去了最初的热情，她发现他们似乎不再相爱。于是女主角产生了一个古怪的念头，她决定去整容，变身成另一个女人来重新得到男主角的爱。后来，新生的女孩再一次和男主角陷入了爱河，却绝望地发现，男主角从未忘记过自己不告而别的前女友。女孩将真相告诉男主角，告诉他："我就是那个你日夜思念的人，我只是长着另一个人的脸……"

以前看这部片子的时候，总是和朋友讨论，它不应该叫作"变脸"吗？为什么要叫作"时间"，它和时间有关系吗？

我们最容易在什么东西面前丧失战斗力和警惕心？应该是时间吧。漫长的时间，会让我们对许多原本笃定的事情和信仰产生倦怠，甚至是质疑。一段俗世男女的感情就更是如此了。时间的长河滚滚，让所有原本的不平凡变得平凡，原本的难能可贵变得唾手可得。它让翁巧遇从一个明媚的少女变成普通的妇人，也几乎让陈浩忘记了自己的审美趣味从未改变。

陈浩冷静地翻完整本相册，接着打开盖着碗的面条，面条早已经糊了，粘在一起，没了汤水，陈浩却并不觉得不合胃口，他拿起筷子大口大口地吃起来。吃到一半，才发现自己正在流泪。妻子并没有在面里放辣椒啊，那为什么会哭泣？

摸黑进到卧室，翁巧遇正在微微打鼾，窗帘拉了一半，淡蓝色的月光洒进来，将妻子的侧脸包裹在微光里。借着这样的光亮，陈浩蹲下身去，时隔很久之后第一次如此近距离地观察翁巧遇。他注意到现在即使是闭着眼睛，妻子眼角的纹路依旧十分清晰，她的毛孔变得越来越大了，呼吸也很沉。陈浩俯下身去，此时一旁的手机忽然亮了，他知道那是何琳的短信。但陈浩并没有去理会它，他轻轻地吻上了自己妻子那并不算光洁的脸庞。

我们一生都在追逐着一个影像，我们也只有一个爱的人，他集合着我们对生活对爱的全部理想。你以为这次的很不同，其实每一次都很相同。

为什么觉得这一次那么与众不同呢？因为，时间的磨砺，让你丧失了新鲜感，让你产生了审美疲劳，让你以为酸菜肉丝面是素日里的家常，它和爱情没有关系。

或许，酸菜肉丝面真的和爱情没有关系。

爱情太片面了，无法将它全部包含进去。

红星二锅头

壁立千仞当前，而你却只有自己

一

“我都感受不到你对我的关心。我想我们的感情和你的骄傲比起来，什么也算不上吧。”

这是秦维离开之前，对章竞说的最后一句话。在那之后，他就如他说的一样，接受了公司的外派，去了另一个城市工作，从此，彻底从章竞的生活里消失了。

章竞和秦维谈了将近四年的恋爱。章竞是秦维的高中同学，也是秦维一直以来暗恋的女孩，对她的爱慕，导致了秦维大学四年情感的空白，也正是因为这样的爱慕之情从未减退，才让他在与章竞重新相逢后，不假思索地向她表达了好感。章竞一开始并未十分在意这个男人，但，最终还是被他的真诚打动，两人走到了一起。当然，在这段感情里，由于最初的情感基调就已经确定了，秦维是全心全意给出去的那个，而章竞则习惯了被动地接受。

一开始，这样的关系并没有问题，他们两个人都投入在自己扮演的爱情角色里，自得其乐。不过这样的关系越久，两个人的矛盾也就越来越凸显。最终，秦维还是向章竞提出了分手，章竞很快就同意了，几乎没有任何的迟疑。这样随意的态度，彻底伤害了秦维的感情。

秦维决绝地离开，大大超出了章竞的预料。她自信满满地以为这个男人还会回过头来找自己，像从前的每一次一样，会很快回来承认错误。但，这一次，秦维似乎是下定决心要清算掉这段感情。

"清算就清算吧，有什么大不了的。"章竞一面安慰自己，一面疯狂地工作。只要一忙起来，身边这个人的离开所带来的缺失感就不会显得特别强烈了。

接到母亲电话的那天，距离秦维离开已经过去了两月有余。

"你有时间的话，这个周末回来一趟。"

"怎么啦妈，我周末可能要加班耶。"

电话那头的母亲沉默了片刻，接着说："你爸要和我离婚。"

章竞发现母亲说这句话的时候，显得十分平静，就像是在说别人家的事。但，她们彼此是那么地熟悉，所以，这个世界上，可能只有章竞知道，这平静的话语背后，意味着什么。

二

接到母亲电话之后，章竞简单地向公司请了假，就一路驱车回了老家。

远远地就可以看见他们家灯火通明的窗户，在一色略显昏暗的公寓里，特别显眼。章竞的母亲从小就有夜盲症，所以，他们家每一个角落的光从来不曾真正灭过，即使睡觉的时候也会开着地灯。章竞抬头看着那样熟悉的光，有些不敢相信母亲适才在电话里说的事。她深吸口气用钥匙打开了家门，迎面就看见大包小包的行李，书房里属于父亲的书被整整齐齐地放在客厅中央，像堆显眼的尸体。

宋佳就这么坐在这堆“尸体”的对面，双手环抱在胸前，眼神空洞，像是在看着它们，又像是穿过这些杂物，看向一个不知名的别处。

“妈。”章竞轻轻地叫了一声独自端坐在客厅沙发里的女子。

宋佳听见女儿熟悉的声音，回过神来：“回来啦？”

“嗯。”章竞脱了鞋子，目光不由开始环顾四周，只听见宋佳幽幽地说：“找你爸吧？他搬出去半个月了，这些东西是我收起来的，让他来拿，他也一直没来。你明天给他送过去。还有这个，一起拿过去，我已经签好了。”

宋佳将离婚协议书递给章竞，上面已经签好了她的名字，而父亲的名字并没有在上面。

“妈，你不要这么好强，什么事情都好商量。”

“你爸要和别人一起过日子，没什么好商量的，我只是成全他们。”

第二天，章竞去了父亲临时租的房子，也就见到了母亲嘴里的那个“别人”。

三

章楚租的地方在郊区，是一套两居室的老旧公寓。替章竞开门的女人章竞以前并没有见过。她看起来比章楚的年纪还要大一些，差不多有五十岁左右，短发，素颜，脸上有明显的雀斑，身形有些肥胖，和母亲的优雅美丽比起来，这是一个极其普通的女人。对于和章竞的第一次见面她显得很紧张。章竞后来知道，这个女人叫杨林，是父亲学校里负责掌勺的厨师。

杨林烧了一桌子的菜用来款待章竞。章竞坐在父亲的一边。

“来，尝尝你杨阿姨烧的菜。”章楚看着章竞，竟然有些紧张。

章竞吃了一口桌上的菜，点了点头：“很好吃。”

章竞的一句话，让餐桌上的氛围骤然有了缓和。

“喝点酒吧。”杨林起身从厨房里拿来一瓶红星二锅头，给章楚倒了一杯，也试图给章竞一杯，但被章竞拒绝了。

章楚显得很高兴，他嘬了一口杯里的白酒，嘴里发出啧啧声，将筷子伸得长长的，去夹自己喜欢的菜。章竞有些吃惊地看着自己父亲全新的模样。是的，这是她从来没有见过的父亲。在章竞的记忆里，父亲是不苟言笑的，父亲是很端正的，父亲是极其稳重的。父亲并不会在吃饭的时候喝酒，就算偶尔喝，也不会发出这样的声音。是直到现在，她才下意识地思考，好像她和母亲从来没有考虑过父亲是不是喜欢喝酒。好像是因为母亲不喜欢他喝，他就不喝了，因为断得很快，几乎让她们觉察不到他对它的喜爱。

“和她在一起，我觉得很轻松。”章楚这样告诉章竞他对杨林的感情。他告诉章竞，他一直很爱她的母亲。这样的爱，即使到现在也不曾有过改变。但，爱不会减退，斗志却会。他越来越丧失了同母亲相处的斗志。宋佳太好强，太自我，也太骄傲，一味地迎合，已经让他备感疲惫。而杨林则不同。她很平凡，很普通，甚至可以说什么都不懂。但，她很简单，也特别容易快乐，一点点的好就会让她很满足。在她身上，父亲重拾了早已经消耗殆尽的信心。

你能从你的仰慕者身上，汲取许多坚韧同快乐并存的养分。这样的养分，可以让人重新充满生机。章竞是这样判断的。临走的时候，她将离婚协议书交给了父亲，章楚落了泪。她知道，对于离开自己的母亲，眼前的男人并不是没有痛苦。

章竞回到家，宋佳正在书房看书，她戴着眼镜，做着读书笔记，乌黑的头发整齐地盘在脑后，整个人发着微光。她的母亲是那样地美，即使身边原本的世界已经不复存在，却依旧固执地紧紧拽着一些美丽的尊严。章竞就这样站在门口，静静地看着宋佳，猛然发现她们之间竟然如此相像。

“回来啦？见过你爸了吗？”宋佳抬起头，冲着章竞微笑。

“嗯，见过了，他说过两天他就来拿东西。”

“那就好，放在客厅都积起灰尘了。早点来，早点来拿好。”宋佳说完就低头继续看起了她的书，章竞将门轻轻地带上。

书房里安静了好长一会儿，接着就隐约传出了一个女人隐忍克制的哭声。章竞打开客厅的电视，不断地调试着音量，直到盖过那令人心碎的声音才停歇下来。

“秦维，我想你。”坐在沙发里的女人给远方的男人发去了短信。她不知道那个人会不会回复，她只是一心一意地希望，她迟到的表白和真心，可以传达给他。

四

在小王子的星球上，有一朵美丽的玫瑰花。小王子深深爱着她，每天都为她浇水同她说话。有一天，小王子决心要去宇宙里远游，他来同他的爱人道别。

“我要走啦，你一个人没有问题吗？”小王子这样问她。他想要的答案很简单，他想要得到玫瑰花的挽留。

可玫瑰花太骄傲了，她不愿意将内心的想法告诉小王子，她害怕告诉了他她有多需要他，多依赖他，他就会沾沾自喜，就会不再胆战心惊小心翼翼地呵护她，她害怕太容易得到了，就会减低真心的分量。所以她高昂着头颅，将她的腰身挺得直直的，她调整了忧伤的表情，翘起嘴角，大声地告诉他：“我可以啊，我当然可以。你看，我有尖利的刺，我不害怕任何东西。”

于是，小王子就这么走了，他心想：“原来玫瑰花根本不需要我嘛，她有她尖利的刺，她一个人看起来也很快乐。”

在这个世界上，人体现出来的外在性格和内在会很不一样。有的人开朗，有的人温柔，有的人是打开式的，有的人是闭合式的。打开式的人，相对来说，无论做什么，都会比闭合式的人顺遂很多。他们更容易表达自己的内心感受，更容易接纳他人，也更容易改变。而闭合式的人往往显得有些冷漠，他们不擅长情绪的表达，对于许多真正影响内心感受的事情充满戒备。究其原因，或许源自于恐惧。害怕被伤害被忽视的恐惧，让他们将自己同他人隔离开来。

对一个相对来说闭合的人，恐惧必须被跨越，它才会变得什么都不是。这个世界以及这个世界里的人，并不恐怖，真正的恐怖是壁立千仞当前，而你却只有自己。

那看起来的优雅并不是骄傲，而仅仅只是恐惧。喜欢喝红星二锅头也好，吃饭发出声音也好，谁对谁先道歉也好，都不需要避讳，也不需要计较，你们并不是在比赛，比赛谁更有尊严，谁更加完美，你们只是在相爱，不是吗？

西瓜的尴尬

在悲伤里谋求微光的都是勇士

一

蔡沅自从谢森过世之后就不再吃西瓜了。原本那是她夏天最喜欢吃的水果。

蔡沅的家离 UME 电影院其实并不算近，以前她同谢森一起去的时候，坐公交车基本上要花十分钟的时间。但，直到今天，要不是因为她选择了走路这样的方式去那里，她都意识不到原来同谢森一起坐车，也是一件比较有趣的事。谢森絮絮叨叨地说话，让她对于时间的感觉产生了偏差，让她以为他们的家离影院只有十分钟的路程。而实际上呢，她已经在路上花费了一个小时。因为长久都没有到达目的地，蔡沅原本犹疑的脚步频频加快。一开始，她还思考了很多，思考着这样答应黄文的邀约，究竟是对是错，思考着对于她这样一个六十岁的人来说，这一切还算不算得上有意义。但是，现在，这些她都没有能力再去思考了。她和黄文都没有手机，她开始担心，迟到了这么久，他们还能不能在原本定好的地点见到彼此。这个时候，她才开始觉得以前谢森说的话是对的，以前他就总让孩子们给她配一部老人机，但，被蔡沅拒绝了。她总是这样来反对谢森的提议："反正也没有人找我啊，半辈子没有这种通讯工具都过来了，有了反倒是个累赘啊。"

老头子，看来这一次，你又是对的。在这样的一个时刻，蔡沅又想起了那个已经作古的人来。以前她也会时不时地想起他，但从没有像今天这样，不愿意让他来打搅自己。

盛夏的天气已经很闷热，蔡沅觉得自己比平时喘得还要厉害，汗水涔涔地往下淌，淌进她真丝的堇色衬衫里。她掏出手帕一面擦，一面从袋子里拿出折扇，打开来边走边扇。远远地似乎有什么人在挥动着手臂，蔡沅眯着眼睛，耳边却一直嗡嗡作响。那远处的人朝自己这边快速地走过来，走得足够近之后，蔡沅才认出来，那是黄文。

蔡沅发现黄文今天和平时的穿着很不一样，平日里他只穿那一身黑色的长褂，花白的头发服帖地梳在两边，金丝眼镜底下的眼睛很沉稳。一开始和黄文练习太极拳的时候，蔡沅都有些害怕那样的眼神，就好像从来没有什么事情什么人入得了这个男人的眼。但，今天眼前的这个人几乎是焕然一新的。他穿了一身白色的西装，黑色的尖头皮鞋被细心地擦拭一新，金丝眼镜也不见了，那双乌黑透着冷感的眼睛被裸露在空气里，满是笑意。

“你来啦，我还以为你不来了呢。”黄文气喘吁吁地开口，伸手接过蔡沅的手袋，和她并肩走在一起。

“不好意思，我来晚了，我们还赶得上看电影吗？”

“赶得上，赶得上，我们慢慢走，不用着急。”

二

蔡沅发现黄文是个慢条斯理的人，在性格方面，他和谢森完全不同。谢森是个急脾气，做什么事情都是风风火火的，就连死这件事，都快得让人措手不及。谢森就死在蔡沅的身边，前一天躺下去，他们互相说了晚安，蔡沅替谢森盖好被子，听着他的鼾声入眠，待到第二天天色渐亮，蔡沅却发现，身边的这个和自己睡了近四十年的人，没有了呼吸。大概是在半夜过世的，尸体早已经僵硬和冰冷。

因为一切来得实在太快了，蔡沅都没来得及感受痛苦，就被熙熙攘攘的人群推开。她远远看着自己的丈夫被抬进救护车，心里却很明白，一切都是徒劳，那个人已经走了，去了她尚未到达过的地方。那是个说到做到的人，上了路就不会再多做停留。

在谢森过世的最初那几天里，蔡沅极力地克制着自己的悲伤。所有人包括她和谢森的孩子们都以一种小心翼翼的姿态来和她相处。他们的声音轻轻的，眼神闪烁，不愿和蔡沅对视，规避掉关于谢森的所有话题。旁边的人越是如此，越是叫蔡沅深刻地体会到了谢森的离开。他的撒手人寰，让所有事情的氛围都变得不对了。可是非常意外，这样深刻的体会，却并没有让蔡沅觉得悲伤，反倒激起了她前所未有的愤怒。她开始怨恨起谢森来，埋怨他仓促地离开，没有给她准备的时间，埋怨他最终丢下她一个人，独享平静，甚至埋怨他以这样荒唐又不近人情的方式离开，让她像个后知后觉的傻瓜。不过，这些复杂的情绪，都在谢森遗体下葬的那天变了滋味。在她打开黑色的棺盖，将他们的婚戒放进去的时候，在她看见那张熟悉却又陌生的，毫无表情的面容的时候，所有古怪的情绪都变成了同一种悲恸。这样的悲恸，让她坚持了许多天的镇定自若，在众人的眼前分崩离析。她像是猛然意识到什么似的，整个人攀附在黑色棺木的护栏上，嚎啕大哭起来。直到那一刻，她才彻底意识到，谢森的确已经死了，这一场漫长的陪伴，以她的长寿告了终。

三

等到她同黄文迈着缓慢的步子走进影院，离电影开场还有十分钟的时间。他们今天来看的片子是重新翻拍的《安娜·卡列尼娜》，以前的版本蔡沅并没有看过，黄文当然也没有。在众多的上映电影里，似乎只有这一部还算老少咸宜，所以，他们就选了这一部来看。虽然没有看过电影的任何一个版本，但，蔡沅读过托尔斯泰的原作。幸福的家庭都是相似的，不幸的家庭各有各的不幸。对于这本书开篇的第一句话，蔡沅一直认为，只有在婚姻生活中长期坚守下来的人才能明白其中的道理。

幸福的婚姻生活是什么？是尽力克制对彼此的厌恶。而不幸的婚姻为什么会充满不幸呢？那是因为我们太将这样的厌恶当回事了。以为它是一个可怕的魔鬼，一旦出现，就会落地生根，长出一个毒瘤。在蔡沅和谢森的婚姻生活里，这样时不时出现的厌恶，并没有发酵成什么毒瘤，只是成为了日常琐碎生活里的点缀。总得有些困难要一起跨越吧，不然婚姻生活还有什么乐趣？这是她和谢森达成的共识。

“你冷吗？”坐在身边的黄文忽然轻声地问她。不等蔡沅回答，他便从自己的袋子里掏出一条绵软的小毛毯，盖在了蔡沅有些凉的双腿上。此时蔡沅忽然伸出手，将黄文的手轻轻拽住。黄文显然有些受宠若惊，声音不自觉地颤抖起来：“你，你同意啦？”

银幕上光影绰绰，投在黄文的脸上，让那双深邃的眼睛更明亮了，在灰暗的放映厅里发着幽光，那样的光芒让蔡沅心里为之一暖。

“是的，我答应你。”蔡沅在暗处轻点着头。话音还未落，黄文颤颤巍巍的拥抱就来了。他们隔着座位护栏相拥，第一次尝试着熟悉彼此的味道。蔡沅抽了抽鼻子，惊讶地发现黄文和谢森的味道竟然是一样的。那是一种酸味。蔡沅继而判断着：是一种老人身上才会有的酸味，是一种东西慢慢濒临失控与失衡的腐朽的衰败的味道。这样的味道年岁越大越浓厚，是渐渐同死亡接近的味道。她知道，这样的气息，黄文在她的身上也嗅得到。

《安娜·卡列尼娜》播放到一半的时候，蔡沅和黄文携手走出了影厅。对于两个老人来说，两小时的电影，是个不小的挑战。黄文提议二人步行回家，蔡沅没有拒绝。在回程的路上，他们依旧没有松开彼此的手，虽然掌心已经出了汗。他们都有些害怕，害怕松开之后就丧失了重新握在一起的勇气。

“买个西瓜吧。”快到蔡沅家门口的时候黄文忽然说，“我知道你爱吃。”“太重了,不方便吧。”蔡沅有些莫名的尴尬。

“没关系，我来拿就好。”

“不用了，太重了，我们还要走好长时间的路呢。”

“不重不重，给你买一个回去慢慢吃。”说话间黄文便要作势掏钱。看着黄文俯下身去挑西瓜，蔡沅的心里猛然升腾起一股不被理解的委屈和懊恼，她忽然一把甩开黄文牵着自己的手,大声责怪:“我说了不用了！我不吃！”说完这一句，便头也没回地离开了，将一脸惊愕尚在挑西瓜的黄文晾在了街头。

和黄文不欢而散的那天夜里，蔡沅大哭了一场。那是自谢森出殡后，四年里蔡沅的第一次落泪。她躺在她曾经同谢森一起睡着的床榻上，打量着这间已经被她清扫一空的卧室。里面关于谢森的记忆已经所剩无几：他们一起用过的梳妆台，一起盖过的天蓝色鸭绒被，甚至是他的拖鞋、睡衣、枕巾都被蔡沅清理一空。在很长的一段时间里，蔡沅都认为谢森一直不肯从她的脑子里离开，是因为这些拥有共同记忆的东西在作祟。直到日子一天天过去，一年又一年，蔡沅不得不和她脑子里的那个丈夫和谐共处，她才明白，并不是物品作祟，而是记忆本身。

•

是记忆本身,让她在谢森已经不再躺在这张床上的时候,每天爬上这里之后,依旧只会睡在它的一边,而将另一边空出来。是记忆本身,让她再一次哭倒在这张再也无法保持平衡的床上。

四

自从谢森过世之后,蔡沅就再也不吃西瓜了。因为她一个人根本吃不完。无论是买一个还是买半个,她都无法独自将它吃完。那剩下来的红艳艳的西瓜瓤,就像一个醒目的标签,告诉她,她失去了什么。蔡沅也不再亲自下厨做饭了。因为她再也控制不好米的刻度,菜的分量,总是会剩下许多的菜和饭。起初她把它们倒进垃圾袋丢出去,当作什么也没发生,后来索性就不再开火了。

第二天,黄文敲响了蔡沅家的檀木门。他拎着自己亲自做的饭菜进来,然后将蔡沅家那张许久不用的餐桌重新摆到了客厅中央。蔡沅静静地靠在茶几旁,看着忙里忙外的黄文,她似乎是在走神又似乎是在想着什么。黄文自然不知道此时的她在想什么,但有一点可以肯定,只要肯定这一点就行了。那就是,她愿意让他进来,也愿意同他一桌吃饭。

他们互相喜欢彼此吗?

到了这样的年纪，还会有像心动啊，紧张啊，这样那样的感情吗？当然会有。正是因为在这样的年纪，一点点的心动，紧张，甚至是喜欢才会变得尤为宝贵。并不是独自一人忍受孤独才是勇者，勇者是那些愿意接受改变，努力不去频频回顾，在悲伤里依旧能谋求微光的一些人。

白油猪肝

爱，原本就是人间烟火

一

贝森在电话里的声音，听起来很疲惫。

“丁康，有时间吗？出来喝一杯。”那沙哑低沉的嗓音，轻轻的，透着浓浓的无力感，就像来自另一个遥远空间的回响。

“怎么了？”其实不用问这个问题，我也知道原因。

“我和白芷应该真的要分开了。“贝森在电话那头轻笑片刻，就陷入了沉默。

以前我总是这样以为的，身边所有恩爱的情侣都分开了，贝森和白芷也不会分开，他们会永远在一起，就像他们形影不离，从来就是一个人。

贝森第一次被白芷迷住的时候他只有十六岁。

他跟随着家人刚从县城举家搬迁到这个繁华的大都市。他们的新居所和白芷的家正好相对。他抱着他家的小狗站在自己尚且陌生的卧室里，从窗口百无聊赖地望出去，就看见了对面让他心驰神往的姑娘。

那时候的白芷只有十四岁。纤瘦的体型，小巧的乳房还没有完全发育起来。她穿了一件黑色的连体练功衣，正在静默无声地跳着舞。从贝森的角度看过去，自然是听不到音乐的，但，这却更让贝森着迷。仿佛是白芷旋转的身姿，柔软的指尖，白色肌肤上闪着微光的汗水，让这个世界陡然安静了下来。贝森竟然觉得白芷的舞蹈是为了自己而跳的，是为了欢迎他的到来，是为了他与她在这样的一个场景里相逢而准备的庆典。

后来贝森告诉我，白芷对他而言，是他在这个陌生的城市里认识的第一个朋友。她陪他度过了最难熬最孤独的那段时间。我第一次听见贝森这样说的时候，手里的烟蒂差点烫到嘴巴。

“你到现在都没和她说过话，她都不认识你，还朋友？”

“在我这里，她就是我的朋友，她知不知道有个毛关系。”

“贝森，你真他妈有病。”

的确，贝森是生病了，从我认识他开始到后面差不多六七年的时间里，白芷就是他的病因。他像是白芷的影子一样，热烈却又极其克制地爱着她：在学校，他的目光一直追随着她，他知道她所有的喜好，却从来没有像别人一样真正地投其所好。当然，他最喜欢的还是在家里透过两层厚厚的玻璃窗，静静地看着对面的她跳舞。起初，他只是环抱着双臂，站在他的房间里看，后来他将房间里的床挪了位置，躺在床上，看着她入睡。于是，他春梦里的姑娘第一次有了确切的面容，他在他的痴梦里，一遍遍诉说着他对这个姑娘炽烈的衷肠，在梦里，他有了自慰后的第一次高潮体验。

在寻常人的感觉里，年少时光总是很漫长的。我们憧憬着急速地成长，脱离父母的掌控。可是贝森却觉得他的少年时光实在太短了。他还没有做好同白芷分离的准备，也还没有足够的勇气到她面前和她说句话，形影不离的青葱岁月就戛然而止了。

二

然后忽然有了一个契机，白芷出了车祸。

那年，她二十二岁，贝森二十四岁。那是贝森第一次正式站在白芷面前，介绍自己。距离白芷第一次出现在他的生命里，已经整整过去了八年。

“你究竟打算什么时候去看她？病房我都给你打听好了。”我通过母亲的关系打探到白芷住院的病房，将地址发给贝森已经是三天前的事。我不明白贝森究竟在扭捏个什么劲儿，如果当年的他还太年轻，可现在依旧如此缩手缩脚，实在太让人费解。我只能理解为，在贝森的心里，白芷的存在或许已经远远超出了一个姑娘本应该承担的意义和功用。

我一直记得贝森脸色惨白地站在我家门前，手里提着一个菜篮，满头是汗的滑稽模样，仿佛要做一件什么大事。

“你怎么了？”

“能不能借一下你的厨房？”贝森二话没说就推门进来，熟门熟路地去了厨房。

“你要做什么？”我随着贝森匆忙的脚步来到厨房的门口，只见他已经从菜篮子里将东西逐一拿了出来。黑木耳、大白菜、干辣椒、葱、姜、蒜、猪肝。

“下午你陪我去看白芷。”贝森像是根本没有听见我的问话似的，自顾自低头在水槽里一遍遍洗着蔬菜。水龙头里的水被他开得太大了，水花飞溅到地板以及他洁净的白色衬衣上，他不由跳了跳脚，赶忙调小开关：“她喜欢吃猪肝，我想给她做个中饭。”

“你会做饭啊，贝森？”我饶有兴致地靠在门边，望着里头的男人。

贝森没有回答我的问题，他看了看手表，喃喃自语，额前的汗涔涔往下淌：“你家有没有猪油？”

“啊？”

“猪油，”贝森瞪大了眼睛，转过头来，从刚刚走进来开始第一次正眼看我，“猪油，你家有吗？”

“你手边不就有色拉油吗？”

“没有猪油，就不会好吃了。我，我得赶回家一趟。”贝森说着就擦了擦手，从口袋里掏出自家钥匙，推开我往外走，边走边露出懊恼的神情，“就知道会这样，我应该带来的，应该带来的。”

贝森这样失了魂魄的模样，真的把我吓了一跳，我跑到门边一把拽住他：“喂，伙计，你冷静一点。”

“啊？”贝森有些茫然地抬头看了看我。

“猪油，我有，在冰箱里，你随我来。”我下意识地轻轻拍了拍他的肩膀，试图让他冷静下来。

将所有的配料都洗净切好，贝森终于开始做菜了。他将早就浸泡在水里的猪肝捞出来，用刀尖剔除筋丝。贝森剔除筋丝时的侧脸，给我留下了极其深刻的印象。他右手拿着菜刀，左手指尖按着猪肝，目光如炬，右手手腕轻轻使着力，推着白色的筋脉，将它整根捞起，就像在做一场重大的外科手术。接着他将猪肝切成薄片，同淀粉和盐一起搅拌均匀。白糖、味精、酱油按照比例，被调成酱料放在一旁等待。猪油也被放进了热好的锅里，姜末、蒜末、干辣椒纷纷被投进去。贝森将火开到最大，爆炒起来。渐渐出香味了，他再将猪肝放进去，倒入小半瓶料酒。料酒倒进沸腾的锅里，升腾出浓雾，贝森禁不住向后退去，剧烈地咳嗽了几声。最后将白菜片、木耳片以及葱花全部加进去，倒入酱料搅拌均匀。

这就是白油猪肝的做法。大概也是白油猪肝最讲究的做法了吧。过去了很多年，我再也没有见过别人这样做这道菜。

白米饭一层，白油猪肝一层，小青菜一层，再加上一个泡着红茶的保温杯，这就是贝森去见白芷时拿在手里的东西。很快，到了病房门口，贝森僵直地站在那里。

“敲门呀。”我有些着急。见贝森低垂着脑袋没有反应，就大喇喇地替他敲了起来。

“请进。”里面是白芷在说话，声音清脆，不知道是不是和贝森想象的一样。

“你，你去给她。”贝森没头没尾地说了这么一句，就一把将饭盒塞到我的手里，“我，我要回去了。”

“你怎么回事？”我大惊失色地拉住企图逃跑的男人，“快进去，白芷还在等着，你现在这副样子就像个孩子。” 贝森抬头猛地瞪了我一眼，那眼神里的意思竟然是责备。这个人真的太奇怪了。

门终于被贝森推开了，明明那是一扇极其轻便的门，却被贝森推得仿佛有了千斤重。

整个病房里到处都摆满了鲜花，玫瑰、百合、马蹄莲、紫罗兰，甚至连栀子花都有。我和贝森几乎没有了下脚的空间。我们穿过由花篮围成的狭小通道，就看见了躺在白色病床上的白芷。自从白芷毕业之后，我已经有三年没有见过她了。她变得和我印象里的那个少女不一样了。似乎比起那时候的清新可人，多了几分柔媚和成熟。那黑色的头发随意地垂着，白净的脸上由于炎症的关系，微微发红，右脚打着石膏，高高地挂在床尾。她看见我们，起初眼神里有些疑惑，继而出人意料地先一步开了口。

“是你，我认识你。”白芷清亮的眼睛望着的是贝森，不是我，这让我有些惊讶。我捅了捅一旁像个雕塑一样的男人：“人家在和你说话。”

贝森狐疑地看看我，那目光里满是祈求，在白芷好奇的目光里，似乎他快要晕过去了。我叹了口气，决定打破尴尬。

“自我介绍下吧，我叫丁康，这位是……”

“你叫贝森，对不对？”白芷打断了我的话，依旧望着贝森。

听见对面的女人说了自己的名字，贝森整个人打了个激灵：“你，你怎么知道？”

白芷扬了扬眉毛：“你住在我家对面，我看得见你。”白芷怎么会不认识这个有些木讷，像影子一样和自己最为亲近的人。她好早就认识了他，她知道他在另一个房子里，同她一起跳着舞。一开始她只是在练习，后来的许多年，她都在为了他跳舞啊。

“你手里的东西，是给我的吗？”白芷继续望着他，贝森似乎渐渐习惯了白芷的目光，笑着点头。

“快给我吧，中饭都没吃，正好饿了。”她冲着我们眨了眨眼睛，就像个不谙世事的少女。贝森像是受到了莫大的鼓舞，他大步迎了上去，将饭盒递给她。

白芷打开饭盒的神情，同我料想的是一样的。她起初想要克制住心里的波动，她想要轻描淡写地说声谢谢，但最终还是没有控制好自己的情绪，她落下了眼泪。

白芷一落泪，贝森就慌了手脚。他赶忙收起自己的饭盒，四下搜寻着纸巾，无果之后，便本能地伸出了自己的手。白芷并没有躲开，她任凭贝森的手抚在她的脸上，替她擦去泪珠。

在这个时候，我想我应该要离开病房了吧，将这样的一个时刻留给他们两个人。于是我最后再看了一眼他们，他们似乎也回过头来看了看我，但眼神迷离，似乎又根本已经忘记了有我这个人的存在。于是我转过身，大步走出了病房。虽然依旧还在冬天，但风吹到脸上，却有些暖意。这真是一件怪事。

三

贝森和白芷结婚之后，我们三个人还见过几次面。白芷依旧美丽大方，如我和她初次见面一样，几乎没有什么变化。而贝森却不同。当然，那样的不同并不明显。有时候他看着白芷的表情会有些怀疑。那眼神就好像是："这个女人我曾经真的这么爱过吗？"

白芷对贝森的意义实在太大了，她就像是一直活在贝森脑海里那盏不灭的灯塔。他在心里一遍遍描画她的模样，她的一颦一笑，她是他在孤独寂寞里幻化出来的美妙幻想。这样的幻想终于落到了现实里，心里遥远的灯塔如今就在自己的身边。一些不尽如人意的地方，和他营造出来的那个白芷毕竟有些不同。

落入现实的爱情和走出幻想的人都是一样的，如果没有辨别真实与虚构的能力，没有真切地明白“爱，其实是一个很生活的词汇”，那么便只能得到失望了。

写完这篇文章之后，我就得去赴贝森的酒约了，我多希望我能凭借一己之力让他明白这样的道理：白芷和那份白油猪肝一样，充满着生活的气息，她是真实存在的人，而非只是某个浪漫主义诗人的幻象。

爱，原本就是人间烟火。

烤红薯

因为婚姻并不是出口，而是坟墓

一

无论来了这座南方城市多久，朱熹依旧不能够适应这里极其短的春天和秋天。凉爽舒适的天气总是特别地短暂，你还没来得及享受，炎热的夏天和寒冷的冬天就以迅猛的姿态来临了。天气总是在某一天醒来的清晨骤然发生变化，你那些美丽舒适的衣服还没来得及尽数展示，就得收纳进衣橱里。夏天其实还好，因为南北方的夏天并无太大区别，朱熹讨厌的是这里绵长而寒冷的冬天。南方的冬天和北方的冬天截然不同，北方有狂烈的风，像钢刀；南方却有湿冷的水汽，像歹毒的针。北方的冷是富有男子气概的，而南方的冬天除了冰凉的温度之外，还有潮湿的空气。它甚至是没有太阳的。

这样的冬天，让人发懒，发霉，甚至绝望。

朱熹在冬天唯一喜欢的一件事情是，冬天有烤红薯吃。商贩们拉着手推车，手推车上放着一个大油桶，桶里烧着滚烫的炭，红薯一排一排地放在上面。外焦里嫩的红薯在冷冽的寒风里被她剥开，露出金黄色的果肉，冒着白色的热气，一口咬下去，又甜又温暖。那种温暖的感觉从喉咙一直滚过食道，烫过心肝脾肺，一直落到胃里，腹部变得很温暖，整个人也热了起来。这是南方阴冷的冬天，带给朱熹的唯一安慰。

也不知道今年的冬天是怎么了。今年的冬天似乎来得特别早，早得连烤红薯都还没上市。连唯一的安慰都没有了，这真是一个糟糕的冬天啊。

二

“亲爱的，我去上班了。”赵庭像结婚之后的每一个早晨一样吻了吻身旁的妻子，提着公文包匆匆出门。他并没有注意到朱熹已经醒了，因为这个吻是每天的日常，所以，他不认为这样日常的行为需要花费过多的注意力。

门被轻轻地关上了，朱熹迅速从床上起了身，她拉开窗帘，就看见了楼底下赵庭发动了他们的爱车，香槟色的大众发出一阵轻微的油门声，朝着高架的方向绝尘而去。朱熹收回她关注的目光，才发现今天真是个难得的好天气。晴空万里，艳阳高照，金色的阳光洒在她的身上，带着一丝温暖的气息。手机在这个时候响了起来，屏幕上显示的是“昏鸦”的字样，朱熹看着深蓝色的手机屏幕，面露难色，思索了一会儿，终于还是接通了它。电话那头响起来的是一个男人的声音，嗓音浑厚。

“你准备好了吗？我随时可以出发。”

“好的，那老地方见。”

朱熹挂了电话，在衣橱里挑了一件粉色的尼龙大衣，穿上靴子，拎了个随身小包就利落地出了门。

出租车绕了大半个城市，在湿地公园门口停了车，朱熹整了整头发往车窗外看，昏鸦就站在灿烂的阳光底下，冲着她热情地挥手。

昏鸦是朱熹在城市论坛认识的，这是他们的第五次幽会。昏鸦比朱熹长了近十岁，一直未婚，用他的话说，他不是个定性的人，婚姻不适合他。但看在朱熹眼里，昏鸦却是一个游走在规范之外的人。这让朱熹很向往。况且昏鸦还长得很好看，和一般四十左右的男人不同，他的言谈举止近乎一个年轻人。朱熹喜欢这样将两种巨大的反差糅合在一起的男人，和他见过一次之后，她就知道她没有办法停下来。她必须一直同他见面。

“冷吗？”昏鸦将自己的围巾解下来，绕在朱熹雪白修长的脖子上，朱熹闻见了他身上淡淡的却很好闻的烟草味，她不由缩了缩脖子。

“走吧。我订了一艘小游船。”昏鸦拉起朱熹冰冷的手，放进他的口袋里，朱熹温顺地跟着他，觉得心里温暖。

冬天的湿地公园人烟稀少，原本青翠繁茂的枝桠显得很凋零。听不到什么鸟叫和虫鸣，只有朱熹同昏鸦双双踩在落叶上的声音，吱吱作响。很快就到了游船边。船工是个老者，他看见他们来，很娴熟地拉开帘幔，请他们坐进去。茶水，小吃，暖炉，一应俱全。真是个幽会的好地方。朱熹不由这样想。

在最初同昏鸦见面的时候，朱熹是很惊慌的。并不是因为这是一个陌生男人，而是因为她是赵庭的妻子。她总是一刻不停地想起自己的丈夫，害怕不知道在哪里同她的丈夫不期而遇，她对这样的背叛充满了负罪感。但第一次第二次第三次之后，这样的忐忑就消失了。

“来，喝点热茶，怪冷的。”昏鸦抱了抱朱熹，闻了闻她的头发，幽幽地说，“你好香啊。”

朱熹轻笑，适时地抬起头，吻了吻昏鸦的嘴唇。船橹轻推，荡开层层水纹，四野寂静，只有唇齿相依的声音，附和着冷冬的风。

三

朱熹回到家的时候,赵庭已经回来了。他很少这么早回家,但朱熹并没有慌乱。她慢悠悠地脱下鞋子和大衣,边进书房边柔声开口:“今天回来得这么早。”

“嗯,是啊。”赵庭坐在书房的电脑前,并没有抬头看她,所以他不知道朱熹今天化了很美的妆。朱熹愣愣地站了一会儿,以为赵庭会问问她去了哪儿,做了什么,或者看看她今天美丽的妆容,但,这些都没有发生。究竟是从什么时候开始,他们不再关注彼此,甚至不再花费一点时间来看看彼此呢?朱熹定睛望着不远处那个熟悉的背影,不由摇头笑了笑。也不知道是在笑赵庭,还是笑她自己。

“以前我们很相爱的,现在似乎感觉不到了。”朱熹躺在昏鸦的怀里,抽着烟,将烟灰弹在昏鸦的掌心里,昏鸦没有说话,只是静静地听着。

“你们现在也依旧相爱。”昏鸦伸手接过朱熹的烟蒂,接着抽了一口。怀里的女人露出茫然的神色:“那我们现在是什么?”“我们是彼此喜欢,这和相爱不一样。”昏鸦将烟蒂丢了出去,揉了揉朱熹的乳房,再次将眼前的女人按在了身下。朱熹闭着眼睛,很快就到了高潮,这是她同赵庭很久也没到达过的地方。

忽然想要步行回家，所以朱熹拒绝了昏鸦的送行，自己独自走在车水马龙的道路上。中午时分的人很多，他们不断触碰着朱熹的双肩，摩擦出静电，拉扯着朱熹的头发。朱熹走得并不快，她想要走得慢一些，好散掉自己身上的些微腥气以及脸上的潮红。走了差不多二十分钟，她猛然在街对面拐角的位置，看见了今年冬天梦寐以求的东西，烤红薯的摊位。

卖红薯的商贩差不多五十岁上下，裹着一件灰色的羽绒大衣，一边吆喝着自家的生意，一边同身边的一对年轻情侣说话。那对年轻情侣大概二十岁上下，女孩子生得很漂亮，男孩子也白白净净的。他们坐在拐角边的石凳子上，一边吃着手里的红薯，一边呵着气。那男孩子将身边的女孩子往自己的怀里送了送，搓了搓她的肩膀，女孩子抬头看着他，露出小虎牙，咯咯地笑。她在十字路口站着看着这画面好一会儿，才继续赶路。

赵庭和朱熹谈了四年的恋爱，朱熹最后选择留在了赵庭的这座城市，虽然她十分不适应南方阴冷的冬天。但，赵庭却带她发现了烤红薯这个只有在这样的冬天里才有的好吃的食物。那时候，只要一到冬天，赵庭就带着她满大街地找烤红薯。一看见推车的小商贩，赵庭就会哧溜一声地奔过去，称半斤又软又烫的红薯，揣在怀里给朱熹送过来。他们会在凛冽的寒风里，跺着双脚分红薯吃，然后两个人都变得暖暖的。后来，他们有了房子，也有了车子，这样分食红薯的日子却再也没有了。

四

那天晚上，不知道是不是因为白天那对情侣的关系让朱熹想起了从前，反正她有些思念在外工作的赵庭。她在这样的思念里，做了一桌子的菜，泡了一个澡，换了性感的内衣裤，怀抱着许久不曾有过的少女心等待着他的归来。但，这天，赵庭并没有回来。在接近午夜的时候，朱熹将所有的饭菜冰进冰箱，换上舒适的睡衣，独自躺在了他们的床榻上。手机这时候亮了起来，她飞快地拿起来，屏幕上显示的“昏鸦”的字样，让她莫名地有些失望。

“熹，我想你了。”昏鸦在短信里这样说。

朱熹愣愣地看了看短信，思索片刻，这样回道：

“我也想你，你在干吗？”

和昏鸦发完信息之后，朱熹很快就入睡了。早上醒来的时候，赵庭酣睡在她的身边。丈夫是什么时候回来的，妻子全然不知，也并不十分在意。

婚姻，很多时候，都会变成这样。两个相爱的人，渐渐变成共同躺在一张床上的陌生之人。我们开始分不清婚姻究竟是出口还是坟墓。如果一定要给个答案，将它看作是坟墓而非出口或许更为明智一些。婚姻并不是幸福和快乐的保障，它需要身处其间的人时刻心怀忐忑和机敏。每个人踏进去之后，都要面对更多的困难与考验，面对疲倦甚至是时不时的厌烦。

因为凛冬将至，所以才要加倍当心。

蟹肉炒饭

饥饿感和性欲究竟哪个更重要

一

锅里的油冒着热气，发出滋滋声响，几瓣白色的蒜在黄色的油锅里腾腾跳着，渐渐变得有些焦黄。沈文娟抬头看了看墙上的闹钟，八点四十分，宋和还没有回来。她把砧板上已经洗净去鳞的大鲤鱼投进锅里。白色的烟“嗤”一声涌到脸上，滚烫的油溅到了她的手上，不过沈文娟似乎早已经习惯了这样的油温。她娴熟地将油一点点淋在鲤鱼上面，放入酒，盐，白糖，味精，几片红椒，翠绿色的蒜苗，然后盖上锅盖，焖几分钟。

餐桌上的红烧鲤鱼很美，泛白的眼珠，微微张开的嘴，金黄色的身体。

蒸锅里蒸的是从母亲家寄来的大闸蟹，刚放进去的时候，蟹还是活的，在锅里咚咚直响，几分钟后渐渐没了声响。沈文娟一直认为这样清汤白水做大闸蟹的方法太过残忍。让人不易觉察却又致命，是这个世界上最可怕的一种智慧，和习惯一样可怖。

沈文娟喜欢做菜，她喜欢一次做许多道菜，一个锅上用明火炒着热菜，一个锅里蒸着糕点，微波炉里烤着鸡翅，煲里炖着鸡汤。

宋和刚开始开这家广告公司的时候，总喜欢请大家到家里来吃沈文娟做的菜。她总能在最短的时间里做出满满一桌子的菜。不过现在，她做菜越来越慢了。做菜成为了她消磨时间的一个工具。她觉得边做菜边等宋和回家，时间似乎会过得快一些。所以，每天他们家都要倒掉很多的菜，因为沈文娟总是做很多很多的菜，变着法儿地换着搭配组合，宋和回来得越晚，餐桌上的盘子就越多。

十一点二十分，宋和回来了，跟他一起回来的，还有满身的酒气。沈文娟一开门，他就整个人攀在了她的身上。

“老婆，我回来了。老婆。”

“吃饭了吗？怎么又喝那么多。”

“接了一个大客户，高兴。”

沈文娟给宋和换了衣服，洗了脸，盖上被子后，才觉得自己是有些饿了。于是她一个人打了一碗鸡汤，坐在客厅的餐桌旁，拆着大闸蟹吃。

其实她并不喜欢这样吃蟹，她喜欢将蟹肉挑出来炒饭吃。可是宋和喜欢白煮，所以她已经许多年没有吃过蟹肉炒饭了。不知道今天怎么了，分外地想吃。于是，沈文娟开始将大闸蟹一个个地掰开，用小刀将白色的肉和黄色的蟹黄全部挑出来。她挑得极其认真，就像在干一件大事。

米饭下了油锅，她将蟹肉全部倒进去，风风火火地炒起来。沈文娟发现火似乎开得太大了，先下锅的米饭被她炒得又硬又黄。蟹肉也煮得太烂了，它们一坨坨地粘在一起，像一盘没有生气的兰州拉面。以前，蟹肉炒饭是她的拿手菜，而现在，什么菜都会做了的她，竟然把它搞砸了。沈文娟有些恼火，她看着锅里的东西，觉得恶心。是的，这一切都让她恶心，还有屋子里那个现在酣睡的男人。他也让她恶心，恶心极了。还有那个叫徐菲的女孩子，那个几个月前开始在宋和的公司上班的只有二十二岁的女孩子，也让她恶心。

二

宋和和徐菲的事情，是沈文娟无意中发现的。宋和洗澡的时候，沈文娟看见了徐菲发来的暧昧短信。“宋，想你，为什么你现在不在我的身边。”沈文娟的记性好极了，她只瞥了一眼，就记住了徐菲的手机号码。

你会不会变成你以前最不看好的那一类人？

沈文娟觉得自己肯定不会。她不会打破他们之间建立起来的信任，也不会将彼此尊重只当作一纸空谈。可是，事实却是这样的。如果你拥有的东西本就不多，你会奋力抓住这些看起来仅有的东西。你会为了这件东西变成一个间谍，一个警察，甚至是一个小偷。

徐菲并不是杭州本地人，刚从大学毕业，宋和的广告公司是她的第一个单位。她住得并不好，在城西的荷花苑里租了一间小阁楼。那里龙蛇混杂，也没有安保。宋和竟然愿意每天流连在这样潮湿阴暗的小阁楼里。

沈文娟坐在车里，觉得远处阁楼里的灯光刺眼，看得人眼底发酸。阁楼的灯灭了，宋和同徐菲双双走了出来。徐菲有着二十二岁女孩应该有的样子，明媚活泼白净，笑起来的时候露出洁白的虎牙，化淡妆也很美，无需太多脂粉作陪衬。一旁的宋和呢，也在笑着，看着一旁的女孩笑着，笑里带着宠溺，这样宠溺的略带慈祥又略带羡慕的笑，沈文娟已经多年未见。她以前到底有没有见过，时光一直走得太快，她也无法做出判断。其实，直到这里，沈文娟的情绪都十分平静，像是在看两个不怎么相关的人。她甚至为自己如此平静而感到略微惊讶。手机在这个时候响了，是宋和。沈文娟有些诧异，定了定神，接通了电话。

“喂。”

“老婆，刚见了个客户，我马上就回来了。”

“好，你路上小心。”

宋和挂完电话，从口袋里掏出一罐啤酒，仰头喝下，然后又将剩下的酒淋洒在身上，接着叫了一辆出租。绿色的出租车打了个方向，从沈文娟的车边擦肩而过，掀起一股风，凉凉的。

沈文娟发现自己正在发抖，宋和灌啤酒的样子，很长一段时间都在她的脑子里停留，她这才意识到，这不是别人的故事，是她自己的，可悲的故事。

三

不像样的蟹肉炒饭终于还是出了锅，沈文娟用盛饭的饭勺，大口大口地往嘴里送。焦灼的煳味混着蟹肉的腥气，一股脑儿地呛进嘴里，沈文娟一阵泛呕。她飞快地捂着嘴巴，冲进厨房，在水槽边吐了起来。

身体的不适和精神的不适究竟哪一个更为疼痛？沈文娟从前无法区分，不过现在却可以区分了。饥饿感永远高于性欲。身体的不适可以缓解精神的不适，比如现在，她吐了，胃里翻江倒海，心里却不再那么郁闷。

宋和依旧睡得很香，即使沈文娟在屋外吐了，他也没有被吵醒。沈文娟漱了漱口，走进卧室，躺下来，开始亲宋和的脖子。宋和下意识地回应着，将沈文娟翻过来压在底下。他依旧闭着眼睛，干燥温热的手伸进沈文娟的棉布睡衣里。是啊，他们之间那么熟悉，即使闭着眼睛，依旧可以准确地找到彼此身体的每一个部分。做爱的时候，他们有着固有的习惯。宋和习惯在上面，他习惯一手撑着身体，一手抓着沈文娟的乳房。沈文娟不喜欢接吻，她习惯他亲吻自己的耳垂，这样她能尽快进入状态。他们每一次的时间都差不多，固定的姿势，固定的次数，以及固定的询问方式。久了，其实也谈不上高潮不高潮，它更像是一道必不可少的菜，像是饥饿时要吃的一道菜，而非性欲。

沈文娟睡觉的时候习惯放一把剪刀在枕头边，这是她们老家的传统，说剪刀可以克制噩梦，有助睡眠。不过，现在这把剪刀已经帮不了她什么忙了，她已经将近一个月没有睡过一个好觉。此时，她和宋和背对背躺着，外头淡青色的月光从窗户里透进来，投到她身边的剪刀上，闪着微光，像是一盏明灯，莹亮通透。她忽然产生一个想法，用这把剪刀插进背后这个男人的身体，不知道会不会有匕首一样的效果。不知道他会不会疼得跳起来，还是就可以一直这么安静地躺下去。她这样想着，拿起剪刀，刀柄凉凉的。她转过身，举着剪刀，仔仔细细看着侧身躺着的宋和。

宋和沉沉地睡着，一口一口有节奏地在呼吸，眉头轻微地锁起，嘴巴微微张着，像极了她今天做的红烧鲤鱼。

“老婆，你怎么还没睡？”

沈文娟将举着剪刀的手放下来，轻声回答：“你打呼太响了，我睡不着。”

宋和不满地嘟哝了一声：“睡了这么多年，怎么忽然就睡不着了？”

“以前，你也总在我睡着之后再睡觉，现在不也自己先睡了？”

沉默。

“宋和，你有没有什么要和我说的？”

“老婆，你究竟是怎么了？”

“刚刚，在你睡着的时候，我有那么一瞬间想要用它杀了你耶。”沈文娟说着把剪刀放在了宋和的眼前。宋和本能地往后缩了缩，看着沈文娟的眼神里藏着惊恐。

“徐菲的事，你，知道了？”

从宋和的嘴里说出徐菲的名字，沈文娟心口一紧，她知道宋和明明是不夹杂感情地在说，她却依旧觉得他喊徐菲名字的声音里带着某种浓情蜜意。

四

宋和和徐菲断得很干净，两个月的时间，并不足以建立起太过坚固的感情。他每天都按时下班，赶回家来吃沈文娟烧的晚饭，隔三差五地给沈文娟准备礼物，玫瑰花、项链、围巾、名牌包包，也更为勤快地求欢，并在过程里表现出更多的投入与激情。

一切似乎又回到了徐菲未出现之前，甚至比那之前更好了。可是，一切又同之前的很不一样，沈文娟发现，她开始无法集中精力地做一件事。即使是她最为拿手的做菜也一样。她总是看着时间，思考着宋和怎么还不回来。她总是一次次忘记放调味料，或者是放了一次又一次。她烧的菜肴，看着依旧很美，却完全不是之前的味道。

“老公，今天的糖醋肉好吃吗？”

身边的男人大口大口地扒着饭，满嘴赞叹：“好吃啊，老婆烧的最好吃了。”

他们之间，的确是和之前不同了，他们无法过真实的生活，他们表现得太恩爱了，就像不这么笑着，不这么将糖醋肉整块整块塞进嘴里，不这么互相称赞，就会变得对坐而无言。

沈文娟和宋和最终还是离婚了，在徐菲消失后，他们彼此欺哄着过了一年，最终还是选择了分开。离婚的要求是沈文娟提出来的。宋和并未表示反对。这是他们共同决定的。

不知道是不是错觉，沈文娟觉得她提出离婚这个建议的时候，宋和也下意识地长吁了口气，那是种闷闷的胸口为之一空的轻松。

宋和和沈文娟的婚姻维持了六年，同他们恋爱的时间一样长。离开宋和之后的沈文娟也离开了杭州。她回到了她的家乡，在那个小县城里开了一家小饭店，取名“蟹肉炒饭”，她在里面又做主厨又是老板。而宋和呢，几年之后，他将他同沈文娟原有的房子卖了，搬去了另一座城市，有了新家，而沈文娟没有新家的钥匙。他再婚了。

来“蟹肉炒饭”吃饭的客人总爱问她一个同样的问题，店名为什么如此古怪。沈文娟告诉他们，这是为了提醒自己，在生活里，什么才是最重要的。是为了安稳的日子而成天做戏，忘记了自己本来的面目，被习惯蛊惑得忘记了怎样出发，甚至变成曾经自己最不看好的那类人，还是做个起身推开碗筷的笨小孩，努力保持对生活失望后转身离开的勇气。

其实，饥饿感和性欲都不是最重要的，喜欢吃和喜欢做蟹肉炒饭的初心才是最重要的。

醋炒鸡

爱，疲倦，陪伴，在这些之后呢

一

汤叔本名叫汤钟，是我们这个小区大院里年纪最大的爷爷，刚刚过完他的八十岁大寿。汤叔年轻的时候是个云游四海的赤脚医生，后来在苏州遇见了汤婆，两个人一见钟情后，就谈起了恋爱。最后十分顺利地结了婚，于是，汤叔就在苏州落了根。他和汤婆一起，开了一家汤氏中医馆。依靠这样的一个医馆，夫妻俩养大了一双儿女。他们的两个孩子早早就出了国，但汤叔汤婆因为舍不得这间医馆，就选择了留在这里。当然，现在汤叔的年纪渐渐大了，医馆从每天门庭若市变到一天只看几个病人。汤叔的医术是远近闻名的，我们这些孩子，平时有点小病，只要吃一帖汤叔的中药，就又生龙活虎得和狗崽子一样。

对了，还忘了介绍汤婆。汤婆叫田蕊，比汤叔小了整整十岁。听我的外婆说，汤婆年轻的时候，是他们整个大院里的美人，写得一手好书法。大院里几乎同龄的小伙子们都暗恋她，这当中也包括我的爷爷。结果，她最后嫁给了一个赤脚医生，是个外乡人也就罢了，长得也一般，小胳膊小腿的。当然，这是最初他们对汤叔的印象。后来他们集体都被汤叔神乎其神的医术给折服了。汤叔和汤婆相濡以沫了五十年，这期间有过争吵，有过看着彼此觉得怎么都不舒服的时候，也有因为意见不合而互相置气的时候。但，从来没有哪一次的矛盾，像这一次一样严重，他们甚至觉得，他们五十年的婚姻可能因为一盘醋炒鸡而走到尽头。是的，只是因为一盘醋炒鸡。

二

汤婆觉得衰老是这样一件东西：它起初是不轻易的，年轻的时候，你不会注意到时间的流逝，你甚至希望时间能走得快一点，再快一点，一成不变的生活实在让人难以忍受；然后有一天，你在照镜子的时候，发现了你眼角的第一条纹路，你完蛋了，因为你马上就会发现第二条、第三条、第四条，你慢慢地不再能够一觉睡到日上三竿，你拿出曾经的照片的时候会惊叹曾经的容貌和现在的容貌大相径庭，而这样的变化可能只需要短短几年。而汤婆觉得，她已经早就过了这样关注容貌变化的年纪。你还在关注你的容貌的变化吗？那么恭喜你，你只是走在衰老的路上，你还有大把大把的时间。而七十岁的汤婆已经深刻地明白了时日无多的道理。

每次和衣躺下来的时候，汤婆都能清晰地感觉到自己骨骼的重量和韧度，她觉得它们似乎越来越脆了。躺下来的时候，她也能深切地体会到自己在呼吸。年轻的时候，你会觉得呼吸是不由自主的事，你的吸气和呼气是那么自然，就像草是绿的，水会流动，人们只能直立行走这样地自然。可是，等你渐渐衰老了，老到像汤婆这样的年纪，你就会知道，呼吸原来是一件独立自主的事情，它的每一次循环，都提醒你，你在活着，都告诉你，你还在活着。你可以感觉到你身体里的器官，你可以知道它们的位置，称量出它们的重量。“心脏在左边的胸口，因为在我刚刚抱我们家小猫的时候，它忽然之间剧烈地跳了一下；胃在肚脐眼上面三寸的地方，刚刚几乎什么都没吃，它现在应该只有五克那么重；膀胱在靠近腰的地方，它变得越来越小了，几乎装不了多少水，这导致每天我起码要去十几趟厕所……”汤婆就是依靠这样的感知力，数着时间过日子。其实，说实话，她并不怎么害怕死亡，她觉得自己活得已经挺久的了,该有的都有了,没有的以后也不会有。比起自己的死来，她更加害怕汤叔的死。她害怕汤叔比她先死，她害怕被一个人留下来，变成真正无所事事的人。

汤叔已经八十岁了，在这两年里，汤婆能够清晰地看见汤叔的变化。她发现汤叔的话变得少了；给病人看病的时候经常听着听着就睡着；总是找不到他们家那只叫作线球的猫；睡觉的时候打呼的声音越来越大了，经常一分钟都听不见他的呼吸声，接着又猛然以一声巨大的呼噜证明他还在呼吸。

汤婆比以前更加注意汤叔的一举一动了。每天她都比汤叔早一些起来。她把汤叔一天要穿的衣服准备好；把他的棉布鞋放在他伸脚就可以够到的位置；她帮他整理好病人的病历,把字写得大大的；她现在甚至会主动陪着汤叔出去晨练，因为汤叔现在偶尔会忘记回家的路。即使她一切都以汤叔为中心，但是在汤叔嫌弃醋炒鸡一点都不酸的时候，她还是生气了。

“哪里不酸了？”汤婆坐在汤叔身边，一脸不快。汤叔将塞到嘴里的鸡块吐在桌子上，嘟哝着：“你自己吃吃看，你忘记放醋了，都是酱油味，咸死人了。”

汤婆气鼓鼓地夹了一块放进嘴里，呀，的确没有放醋，怎么可能。汤婆面不改色地吞下嘴里的鸡,决定抵死不认账：

“没有啊，和以前的味道一样啊，你自己嘴巴出问题了吧。”

汤叔瞪大了眼睛，直直地看着对面沉着异常的汤婆，抬高了音量：“明明没有放醋，你为什么不承认，你怎么这样？”

汤婆觉得他们之间的感情和关系在这几年里有了一些变化。不知道为什么，这几年里，他们出现了一种较劲的古怪张力。互相攀比着，互相督促着，互相努力做得不叫对方发现纰漏。

于是，针对这一盘醋炒鸡，他们开始了长达一天的争吵。汤叔觉得汤婆不可理喻，明明失误了，却死不悔改，实在可气。汤婆起初有些心虚，一直让着汤叔，后来眼见汤叔不依不饶，拉帮结派，就觉得气不打一处来。作为一个男人，这么一点小事，死拽着不放，实在可恶得很。于是，这样的争吵从一天变成一星期，最后变成了真正意义上的冷战。他们不再彼此对话，汤叔甚至搬出了卧房，一个人在书房安了家。他们这一辈子，从来没有分开来睡觉过。

当然，在这两个月里，汤叔和汤婆都想过给对方一个台阶下，但，谁也没有开口。他们尽量回避着彼此，刻意打着时差。汤婆起床的时候，汤叔已经去了医馆，汤叔回家休息的时候，汤婆也已经早早地关了房门，但究竟睡没有睡我们就不得而知了。总之，他们就这样，默默无语地，当彼此不存在似的过了两个月。

直到有一天的傍晚，外头风雨大作，看诊回来的汤叔被雨打透。他急忙走进洗浴间，将身上的雨水洗尽。洗完之后却发现自己没有拿干毛巾。是啊，以前这些事情都是汤婆在做。汤叔湿漉漉地站在镜子前看了自己好久。原来的小伙子已经成了一个老头。而这个老头现在因为一盘什么菜，正在和屋子外头的那个老太婆吵架，并且，他们已经两个月彼此没有说过话了。汤叔猛然察觉出了自己异常孩子气。于是，他决定和汤婆来个和解。

“老太婆。”汤叔叫得有些生硬，因为他们确实已经静默无声地过了六十多天。

“干吗？”汤婆的声音在门外冷冷地响起。

“我忘记拿毛巾了。”

汤叔还没说完，拿着毛巾的汤婆就站在了汤叔跟前。

“说，我的醋炒鸡到底有没有放醋？”汤婆一手晃着毛巾，一手叉着她的腰。

“放了。当然放了，是我的舌头出了毛病。”

汤婆听到这里，嘴角忍不住有了笑意，她轻声嘟哝了一句“死鬼”，然后跨进了洗手间，开始像平常一样替汤叔擦着身子。

雨似乎停了，屋外的线球轻轻地叫了一声，这是一个拥有温暖阳光以及雨后彩虹的傍晚。

三

如果说古代婚姻制度的重点在于繁衍子嗣，那么工业化之后的现代社会的婚姻制度，就像我们这个工业化社会一样，打满了交易的烙印。我们彼此的财产、家人、工作全部捆绑在一起，我们以包容、隐忍、克制的态度履行着婚姻的契约精神。我们磨掉自己的个性，团队合作地来完成一项工作，和我们努力减少矛盾来维持婚姻的稳定是那么地类似。婚姻变成了另一项只有两个人在操作的工作，我们都是这项工作里的员工，只不过有的合格，有的不合格。这样想想，会不会觉得那为什么要结婚呢？我们不是因为相爱才结婚的吗？

我们当然是因为相爱而结婚的。只是日复一日的平凡生活，琐碎的事情会让我们忘记掉因为相爱而结婚这个前提。不过，你也不用着急。因为婚姻的意义，会在它即将迎来终点的时候，向你彰显。

在我们发现，除了身边的这个人，再无人依靠的时候；在我们发现孩子是如此地遥远，他们的世界无法融入也永远追不上的时候；在我们意识到失去了身边的这个人，就什么也做不了的时候；在我们发现只有对方的存在，才能证明自己也在这个世界上存在过的时候，我们才能跳出这个交易的框架，变成彼此的一部分。

而婚姻的意义也就从最初的爱，中间的倦怠，后来的陪伴，上升为为了见证彼此存在的终极价值。

我看着你起床，你看着我做饭，我烧一盘醋炒鸡，然后和你一起吃，并且为了有没有放醋而争吵。我和你一起散步，知道今天你穿了一件什么颜色的衣服。你存在的最好证明，就在我的眼窝里。在我的眼窝里，你可以看见你的倒影。你存在的最好证明，也在我的感受里，也在我和你共同度过的悠长的岁月里。

如果有一天，我不得不离开，起码我的这种离开对某一个人的生活造成了极大的影响。这样的影响，就是我曾经存在的最好证明，以及难得的意义。

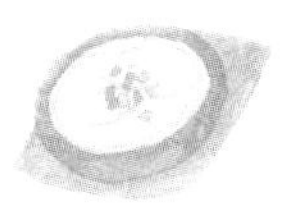

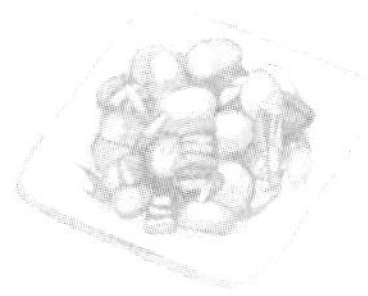

CHAPTER 3

悲观主义的现实花朵

人生无非就是一场又一场盛大的妥协，保持退一尺进一寸的笃定，你才能在现实的沙漠里，一点点开出花来。

南乳脆藕片

理所当然的人生，和无能为力的接受

一

萃之是被梦里的南乳香馋醒的。

在梦里，她坐在他们家白色、宽敞、充满味觉香气的餐厅里，盘坐在她的老位置上，敲着青花瓷饭碗的边角，催促着一身素色衣裙打扮的母亲，快快端上菜来。母亲虎背熊腰的背影在舞动着锅铲的时候，看起来既滑稽又亲切。虽然看不见锅里的菜色，但，凭借那一股浓郁的南乳汁勾魂的香味，萃之也能知道，那是自己最喜欢的下饭好菜——南乳脆藕片。莲藕是她们江南特别流行的蔬菜，将淤泥洗尽就会露出比胳膊还要白嫩的莲藕。在她们南方，莲藕的做法有很多，它可以煲骨头汤，可以清炒，也可以做成桂花糖藕。当然，她母亲的做法很特别，她把它们同南乳汁搭配在一起，切片清炒之后，加入一点点白糖。味道浓郁，清脆爽口，既下饭又营养满分。以前萃之不大能够理解母亲做这些千奇百怪的菜的含义，逐渐长大才明白过来，那是母亲对于自家孩子的体恤和疼爱，希望它们既符合孩子的口味，又不违背自然。

醒过来的萃之下意识地摸了摸枕头，不由失笑。枕巾的一大半已经被她的口水浸湿，她用手背擦了擦依旧湿答答的嘴角，慌忙坐起来去床头柜上扯来几张纸巾。她睡眼惺忪地将枕巾用纸巾整理干净，重新躺下之后，却不再能够入睡了。南乳脆藕片袅袅不绝的余味似乎还残留在她的唇齿间，让她忍不住吞咽口水。而母亲健硕忙碌的背影也在她的脑海里久不散去。

其实，自从她选择在这座城市工作之后，就很少想到在老家的母亲或者是父亲了，也很少想家。现在忽然对母亲做的菜有了想念，在四望无人的深夜里，猛然思念起远方的家人，她对这样的情绪有些陌生。萃之不是一个十分娇弱的女孩子，她在毕业之后并没有像其他人一样，选择回家工作，而是做了一名外漂族。

“哎呀，你慢点，猴急什么，真是，轻一点，嘘。”

“快来呀，宝贝。”

木质隔板的另一头，传来男女暧昧亲昵的声音，他们互相推搡的身体压在隔板上，嘎吱声响打断了萃之莫名的思乡之情。萃之在床上翻了身，钻进被子里，试图隔绝掉外头的欢愉声，但，声音虽然依旧低沉，却自有一股神秘的魔力。它们穿墙而过，钻进她厚厚的被窝里，在她的耳边吹着热气。接着，墙板开始微微震动，带着萃之的床一起颤动起来，萃之猛地坐起来，用力敲了敲墙板，隔壁野猫一样的声音骤然停止，轻微的震动却花了好久才停下来。

“明天一定要把床换个位置。”萃之在又一次下定决心大动家具之后，伴随着屋外秋蝉的鸣叫，终于睡着了。

二

萃之住的地方叫作青屏苑，是这个城市众多边角料里的一部分。这是一批等待拆迁的农居房，原本一栋栋的自家房子被东家改造成了一间又一间的出租屋。萃之住的是其中一栋房子的阁楼。就是通常所说的屋塔房。青屏苑在这座城市的最西边，距离萃之去上班的公司大约一个半小时的车程，中途需要换两次车。最初看中这里的原因当然是房租便宜。

她的房东是一对上了年纪的老夫妻。萃之住在这里差不多有三年了，却一次都没有遇见过他们的孩子。萃之想要么他们没有孩子，要么就是他们的孩子同她一样，去了别的地方，住在别的城市的屋塔房里。萃之每每这样想的时候，就会不由自主地将他们同自己父母的境遇比较，然后生出一丝莫名的亲近感。

萃之自从搬进屋塔房之后，就几乎没有迟到过。因为青屏苑似乎是整座城市醒得最早的小区。清晨五点不到，楼下对面街上张阿姨就拉开了她的豆腐作坊的铁皮闸门。哗啦一声巨响，宣告着新的一天来临了。张阿姨将几张桌椅摆出来，就是属于青屏苑的户外早餐铺子。接着你会听见几声狗叫，邻家嗷嗷待哺的婴孩开始哭闹，妈妈们没精打采却又飞快地起来喂奶，爸爸们则翻个身，依旧鼾声如雷。然后，早市就开始了。这个街区的早市就在青屏苑的隔壁，长条形的巷子两边一家家的格子铺陆续开卖。人们拿着菜篮子，在一家又一家的格子铺前，挑着菜色。萃之最喜欢看的一家格子铺是卖猪肉的。店老板是个魁梧的中年男子，一脸络腮胡，一身军绿色的套装，手起刀落地在案板上拆着猪肉，精神饱满，就像在干一件什么大事。

萃之的房间算得上大，放得下一张双人床，一张餐桌，还能装得下一个写字台。也可能是因为有些过大了，看起来总归有些冷清。两面白墙，一面木质隔板，另一面是巨大的落地玻璃门，推拉的玻璃门外头就是一个不算大的阳台。风大的时候，这扇玻璃墙就会透进风来。外头冷风阵阵，里头就微风徐徐，夏天春天都不错，冬天就另当别论了。萃之将这个阳台一分为二，一半用来晾衣服，一半就搭了一个简单的灶台，偶尔在这里做一些小粥小菜，所以萃之的衣服上总是带着一股天然的油烟味。当然，她还拥有一个独立的卫浴间。不过这个卫浴间就算不上大了，它只容得下一个人。倾斜的屋顶在这里十分明显，你得弯腰走进去，否则很容易撞到脑袋。

“妈妈，你看，这个厕所，你坐在马桶上一抬头，就可以看见屋顶上开着的这个窗户，天气好的时候你还能看见星星。你来坐坐看。”枚远第一次来这里做客的时候，萃之就是这样带着骄傲的心情来给自己的母亲介绍的。

枚远一屁股坐在马桶上，学着萃之的样子抬头看了看，她并没有看见窗户外有什么美丽的星夜，倒看见了窗户上缝补着裂痕的透明胶带。于是作为一个孩子的母亲，作为一个将孩子流放在外的母亲，枚远坐在这只塑料马桶上，哭了起来。她哭得很伤心，恨不得立刻带着自己的孩子回家去。

“这里怎么住啊，为什么要住在这啊？”

枚远嘴里不断重复着这样一句话，想着萃之弯腰在这里洗漱的模样，想象着窗口缝隙里吹进来的冷风将她的女儿冻得哆哆嗦嗦，就不由得悲从中来。萃之有些手足无措，她原本觉得自己住得挺不错，也并不寒酸。但母亲的哭泣，却让她原本细小的委屈忽然有了温床，于是她跟着枚远高低起伏的哭声一并呜咽着。

三

是一只不速之客快速奔跑过去的黑影喝止了这对母女绵长的哭戏。它风驰电掣般地从枚远脚边溜了过去，冲出洗手间，哧溜一声就钻入了萃之那张柔软的床铺底下。枚远和萃之受惊大叫，迅速跳了起来，她们都看得很清楚，那是一只脚掌大小的老鼠！

“它，它是怎么进来的？！”枚远拉着萃之的手，躲在自家女儿的身后，吞了吞口水。

“我猜应该是阳台吧，它可能已经待了好多天了。”萃之被枚远推着往前走，极不情愿地来到了床边。

“应该还在里边吧？你去拿个手电筒蹲下来看一下。”枚远示意萃之去取手电筒。

“我，我不敢。”萃之拿着手电筒，迟迟不肯趴下身去。

“我告诉你，我，我已经几十年没见过老鼠了，你妈高血压，会晕过去的。”

萃之看了看脸色煞白的母亲，她觉得别说让母亲抓老鼠了，就是让她看上一眼，她也要昏死在这里。于是只能一咬牙趴了下去。她快速地打开手电筒，往床铺底下照去。萃之大概一辈子都不会忘记那只老鼠的样子。它几乎同萃之的脸只有十厘米的距离。它圆滚滚的眼睛同萃之的眼睛近在咫尺。它那毛茸茸的长脸抵在萃之的眼镜片上，显得异乎寻常地大！

“啊！”

萃之一声大叫，吓得将手电筒直挺挺地扔了出去。

“快快快！它在里面！在里面！”她迅速拉过母亲的手，示意母亲同她一起发力，将床整个立了起来。老鼠感受到了外界强烈的光线，又受到了她们的惊吓，开始在房间里飞快地逃窜。萃之顺手拿起扫把，追着那黑溜溜的影子满场跑。

“妈！快拿一个塑料袋来。我困住它了！”萃之冲着躲在洗手间里的母亲大喊。枚远用最大的力气将塑料袋投给萃之，并没有走过来。萃之也顾不得宽慰她，想到自己现在要徒手将一只活蹦乱跳的老鼠抓进塑料袋里，胃里就一阵阵地翻江倒海。

“妈，快开门！”枚远一打开房门，拎着塑料袋的萃之就以百米冲刺的速度夺门而出。

经过将近两个小时的战斗，那位不速之客终于被请出了她们的屋塔房。

经过老鼠一役，枚远第二天就回了老家。在那之后，她就再也没有来过萃之的住处。即使是来这座城市看她，她也只住宾馆，不再踏进萃之的屋塔房。

“那是个老鼠窝，我才不去住，那里的老鼠比我的头还要大。”她总是这样告诉别人。

“那赶紧让萃之搬家吧。”亲戚朋友这样建议。

“不用不用，我女儿大概属猫的，抓老鼠简直是一把好手。”枚远这样回答的时候，语气里是满满的骄傲。

四

这个世界有很多的理所当然也有很多的无能为力。鸟儿有了健壮的羽翼就要离开原本的巢穴，这是理所当然。在努力离开的过程里，会遇到许多的风雨，它可能没有足够的食物过冬，也可能没有像样的地方歇脚，但，它却不知回头。萃之就在经历这样的理所当然。在这样的理所当然里，她因为感受到了自己逐渐强大的力量而觉察不出痛苦。

而枚远呢？她就是那个必须接受许多无能为力的人。她必须接受自己的鸟儿离开巢穴，必须接受她被独自留下。她对于那个离开的背影，无能为力。她知道她的孩子在离开的路途上，会遇到许多的苦难。她无法替她受苦，也无法一直陪在她身旁。就像她连一只小小的老鼠都无法替她打死一样。她唯一能做的只是在女儿难得回家的日子里，变着法子给她做好吃的，让她吃得饱饱的，再目送她离开。南乳脆藕片就是其中之一。

久而久之，枚远也越来越愿意相信女儿对她说的那句话，那就是从抽水马桶的位置抬头仰望那扇破损的窗户，她的女儿真的可以看见那美丽的星空。

是啊，谁说不能呢？

糖果屋

那里住着一个吃人的巫婆

一

在我刚学会识字的时候，读的第一个童话故事是《白雪公主》。它是“书虫”系列的，硬壳的封面上，画着一位美丽的少女，她穿着一件蓝色的蓬蓬裙，金色的长发像海藻一样垂到肩头，她有一双美丽的大眼睛，直直地望着远方，粉色的小嘴微微张着。那个少女成了后来我对美人的既定印象。她看起来必须是青春的，懵懂的，却又是性感的。

对戚芳的第一印象就是如此。

的确，戚芳的气质很不同寻常。她第一次来我的店里挑衣服的时候只有二十岁，那时候的她还是一名在校的大学生。她走进来的时候，我正在点算当天卖出去的鞋子，是我女儿略带惊讶的声音让我抬起了头。

“妈妈，你看，漂亮姐姐。”

我的女儿欣儿刚满三岁，已经到了会区分美丑的年纪。我好奇地抬头看了看，戚芳正站在我的店里看衣服。戚芳比东方人的肤色要白许多的肌肤在日光灯的照射下发着微光，长而黑的头发被编成了一股马尾辫，一直垂到腰际，五官精致，睫毛特别长。她穿了一件肥大的灰色针织长裙，虽然是素色的，不知道为什么却给人一种生机勃勃的感觉。

戚芳说话轻快，嗓音甜美，问问题的时候那大大的眼睛里透着诚恳和真挚，肢体语言也很丰富。这样的戚芳，就和我印象里的美人形象不谋而合了。她看起来又温柔又天真，又不失性感。我很喜欢这个女孩子，我的女儿也是。所以，戚芳后来成为了店里的常客,我们也成为了感情很好的忘年交。

有了戚芳之后，我的周末变得轻松了许多。她经常会在课余来店里坐坐，和我说会儿话。我忙的时候，她就在一旁逗我的女儿开心。她们相处得特别融洽。后来欣儿更喜欢听戚芳来给她讲故事。因为戚芳活泼灵动的嗓音以及活灵活现的表情，这些都让我的女儿在故事里身临其境。不得不说戚芳是个讲童话故事的高手。

当然，不仅童话故事说得好，她后来的情感经历也和童话故事差不多。戚芳用她工作之后领到的第一份工资去了一趟日本，而她同她丈夫也就是在那里结识的。她被当街抢了钱包，而她的丈夫就是英雄救美的那个男人。后来他们就此相恋，一年之后结了婚。她的丈夫叫戴城，是我们这里数一数二的有钱人。当然，那是戚芳之后才知道的事。戚芳从此住进了我从未踏足过的地方，住在可以住下几十个人的大别墅里。她成了现实生活里的，也成为了我身边的，童话主人公似的人物。

二

结婚之后的戚芳，成为了备受瞩目的人，也不怎么再来我的店里。但她依旧会定期给小欣儿寄来礼物。有时候是一套美丽的衣服，有时候是一个钻石皇冠，有时候是一大叠一大叠的精装图书。当然，即使她不怎么来我们家做客，我们依旧能从报纸新闻杂志里了解她的近况。有时候是她上街买菜的照片，有时候是她参加慈善晚宴的照片，有时候是她同戴城双双约会的照片。再后来，消息就渐渐起了变化。戴城的身边出现了不同的女人，戚芳出现在取景器里的形象也不再高贵美丽，越来越像个普通妇人。她再一次来到我店里的时候，看起来依旧年轻，美丽，闪闪发光。

“戚芳姐姐！”欣儿飞快地跑过去，投进几乎两年未曾谋面的日夜思念的姐姐怀里。戚芳将她高高地抱起来：“她重了好多啊。”

“当然，她都七岁了。”

“戚芳姐姐，你来给我讲故事吧，欣儿好久没听姐姐讲故事啦。”

“好，好，好，姐姐来给你讲故事。给你讲个人鱼公主的故事好吗？”

“好呀好呀。”

戚芳很快又投入进了她故事大王的角色里。两年的时间并没有让她讲故事的能力有所减退。所以当我从进货市场回来，看见在戚芳怀里挣扎着要逃脱的欣儿时，吓了一跳。

“妈妈，妈妈。”欣儿飞快地扑进我的怀里，嚎啕大哭，她哭得那么伤心，我从来没有见过我的女儿哭得如此伤心。

“她这是怎么了？”

戚芳摊开双手：“她在为人鱼公主变成泡沫而难过。”

我禁不住笑了起来，一把抱住欣儿：“哎呀，人鱼公主变成泡沫回家了，她回家去了，欣儿是不是一会儿也要回家找爸爸啦？”

但，欣儿却完全不听我说话，她自顾自地大哭着，嘴里喃喃自语："妈妈你骗人，变成泡沫就是死啦，人鱼公主她死啦。戚芳姐姐说，死了就再也回不来啦。"

"你，你和她这么说了？"我有些不敢相信自己的耳朵，我希望我是听错了，但戚芳却并没有否认。

"我是告诉欣儿她死了。我觉得，这并没有什么好回避的。"戚芳说得理所当然。

"可，可她还只有七岁。"这是我第一次对戚芳有了怒意。我并没有想到，那是我最后一次看见健康的她。

三

"什么时候查出来的？"

戚芳靠在白色的病床上，纤细的胳膊针眼无数，原本红润的脸庞现在是惨白的，黑白分明的眼珠也变得有些浑浊。那监护室白色的墙壁就像两瓣张开的牡蛎壳，戚芳瘫坐在中间，带着腐朽的气息。她伸出一只手轻轻拉住我，冰凉的手，没有什么温度。我将脸撇向一边，不敢相信这么年轻美丽的女人，竟然得了癌。

"上个月查出来的，想在住院前来看看欣儿。"

"她说想来看你。"

"不要，我怕我这个样子吓到她。"

“给我看看欣儿的照片吧。如果早一点发现，或许，或许就不用死了。或许我也能生一个像欣儿这样可爱的小孩，我还可以给她讲故事。”戚芳拿着我的手机，一张张翻阅着欣儿的照片。沉默良久，继而整个人蒙进了被子里。被子里头的人在颤抖地呜咽，被子外头我也默默流着泪。我想我不会再来看戚芳了。

戚芳在一个月之后过世了。

去参加她送别会的时候，她的丈夫给了我一盒录音带，说是戚芳给欣儿的礼物。磁带里录制的是整本《格林童话全集》，她的声音，那动人的嗓音，从磁带里传出来，就像她还活着一样。在两卷录音带的结尾，她这样对我说：

“小琴，对不起，那天吓到了欣儿还有你。但，我依旧不认为我做错了。在《格林童话》所有的故事里，我最喜欢的故事叫作“糖果屋”，它讲的是一对被继母抛弃了的孩子的故事。他们被抛弃在森林里，遇见了住在糖果屋里的巫婆。糖果屋全部是由糖果造的，烟囱是巧克力的，凳子是棉花糖的。巫婆希望将他们喂得又肥又可口，她要吃了他们。当然，最终两个孩子杀死了巫婆，回到了父亲身边，继母也病死了。这是在我四岁的时候知道的故事。我第一次知道了继母这个词，第一次知道了被遗弃是什么意思，也第一次知道了还有人吃人这件事。我花了好长时间才从这样的惊恐中恢复过来。它让我知道了这个世界并不是只有美丽，所以它是我最喜欢的童话故事，当然，这也是我希望给欣儿讲童话的原因所在。”

死亡，是不是一件很恐怖的事呢？

我想它当然是的。因为它意味着永远的离开和突如其来的分别。因为它太神秘又太悲伤，总是黑色的。所以，孩子都害怕黑色，就像他们害怕没有光亮的黑夜。因为看不真切，因为那黑色的暗夜里有森然的鬼怪。童话故事的初衷，是要告诉孩子们，这个世界有美丽，也有丑恶；有善良的公主，也有拿着屠刀的狂魔；有五彩的糖果屋，随便摘下一个什么都能塞进嘴里，而那间美丽的屋子里住着一个吃人的巫婆。

童话是要让孩子们从小便知晓恐惧，以便习惯它们，生出同它们战斗的勇毅。

“妈妈，戚芳姐姐去哪儿啦？”听着戚芳录制的童话故事的欣儿这样问我。

“戚芳姐姐去了很远的地方，这是她送给你的礼物。”

欣儿沉默了一会儿，忽然抬头这样说：“戚芳姐姐和人鱼公主一样，也变成泡沫了吗？”

“嗯。是啊，她和我们永远地分开了。”

欣儿再一次哭了起来，我将她搂在怀里。

那年欣儿七岁，第一次知道了死亡的意思。而她今年已经十四岁了。

苦瓜炒苦瓜

人生，无非是一场场盛大的妥协

一

“苦瓜，是很受中国人欢迎的蔬菜。如果只把人分成有年纪的人和没年纪的人的话，那么，一般它更受有年纪的人喜欢。年岁渐长，有人会忽然开始喜欢自己在年轻的时候，并不怎么热衷的菜肴。人们对苦瓜会随着年纪的增大越来越痴迷，苦中带涩，回味极其清爽，像一路走来的岁月。”

陈路写下这段关于苦瓜的描写之后，觉得自己的文字矫情了。明明只是一个描写饮食的专栏，却非要套上许多的附加意义。似乎不这样做，就体现不出这个饮食专栏的人文意义。可是陈路比谁都清楚，这样的一个专栏，看的人本就不多，而又有几个人会在意这些文字之外，所谓的附加意义？

刚开始发现自己似乎比别人更容易描写一个东西，一件事情，或者一个画面的时候，陈路觉得很感激。从小到大，她并没有什么特别擅长的事情。她不擅长交朋友，不擅长学习，甚至不擅长做个让大家喜欢的讨喜的小孩。后来，她的作文很出彩，得了许多的奖。她因为这一个特长，忽然之间有了许多朋友，有了关爱她的老师，还收到了她人生的第一封情书。写作为她打开了某一扇光明的大门，也是写作让她不害怕一个人待着，甚至渐渐喜欢上一个人待着。

一开始她雄心壮志地想要报答它，想要努力运用她的天分，写出让整个世界为之一振的好作品。她不知天高地厚地埋头写了好些东西。时间久了，她终于有些明白，在这件事情上，她并不是最有天分的，她只是相对来说擅长一些。她的故事也并不好看，她被许多报社出版社一遍遍地退稿，他们告诉她，这个世界上，会摆弄文字的人多得数不胜数，唯有少数的人才会让这个世界读到他们想说的，而她的故事，并不属于这一类。后来，陈路就放弃了。她在一家并不算知名的杂志社寻到了签约撰稿人的工作，开始按照别人的思路写故事。

“陈路，这一次我们想要一个婚外情的故事，要有一些活色生香的场景，你明白吗？”

“夏天到了，我们要做一期避暑专题，你能写一个海边偶遇的故事吗？男的最好是多金多情，女的要善良倔强还有可爱。”

“这一个段落，描写场景的话语太多了，谁要看这个花园长什么样，这个秋千是用什么材质做的，这一段都去掉吧，亲爱的，你觉得呢？”

一开始，陈路也会辩驳几句，后来她就不再表达她的想法了。她觉得反正也没有人会真正认真读她的作品。他们或许真的只是在看故事而已。或许真的没有人在意花园里有一朵红色的杜鹃，它红色的花瓣上停了一只拥有八个黑斑的瓢虫，瓢虫振翅高飞，花瓣被抖落在了地上，和泥土混在一起。也的确没人想要知道秋千是用何种材料做的，它那被风吹起来的绳索，摇摇摆摆，嘎吱作响，看起来十分寂寞。

二

“回来吃饭吗，老婆？”毛杰的电话打断了她的思绪，“还没写完就明天再写吧，吃饱了才能动脑子。”陈路听得出毛杰在电话那头试图宽慰她的心情，她不想让他难过。

“说得也对，那我现在就回来啦，你在家等着我。”

陈路经常驻扎的图书馆离他们现在住的地方只有两个

街口。每天她就是这样往返于家和图书馆之间。这个城市很大很大，可对她而言其他的地方她几乎都不熟悉。当初选择毕业之后留在这里，也只是出于本能里对家庭庇佑的抗拒。她不爱这座城市，就如同她不爱这份工作一样。如果硬要说它给她带来了什么，那么它带来的唯一的礼物，就是毛杰了。

毛杰是她在图书馆邂逅的男孩子，那是三年前。那时候毛杰还在读博士，他说每次他准备报告几乎崩溃的时候，就会抬头看看坐在那里埋头打字的陈路。他说他是被她认真静默的打字模样所吸引的。

“你今天回来得好早啊。”陈路用钥匙打开家门的时候，下意识地抬高了音量，她想让自己看起来更快乐一些。

毛杰正在厨房做饭，听见陈路的声音，围着围裙就冲了出来：“被催稿了吧？写得顺利吗？”

“好不好就这样吧，反正明天之前我会憋出来的。”她将电脑往沙发上轻轻一扔，一把圈住毛杰的脖子，“今天我们的毛大厨给大作家做了什么好吃的呀？”

毛杰略带神秘地提起摆放在饭桌上的防虫罩，肉末炒苦瓜，豆豉苦瓜，苦瓜炖排骨，苦瓜汁，苦瓜炆鱼头，满满一桌子的苦瓜大宴。

“今天的晚餐，苦瓜开会！”

陈路似乎是被满眼的苦瓜惊呆了，她盯着它们看了许久："都是你做的？"

"当然。"

"你这是在给我找灵感？"

"怎么？没有吗？失败了吗？"

"那倒没有，我只是觉得有点……有点荒唐……而已。"

陈路下意识地拿起手边的筷子，先吃了一口苦瓜炒肉末，啊，好苦。接着，她又夹了一筷子豆豉苦瓜，依旧苦不堪言，接着她拿起勺子，大口大口地喝着苦瓜汤。她右手夹起苦瓜，左手盛一勺苦瓜汤，左右开工，一刻不停地往嘴里送。

"亲爱的，你，你慢点吃，不要呛到。"毛杰觉察出了陈路的异样，想要上前阻止，却被陈路推开。苦瓜真的好苦啊，又苦又涩又呛人，苦得陈路喉咙发烫，眼底泛泪，心里发酸。可她并没有停下自己的手和嘴，它们依旧一刻不停地在工作。

"老公。"

"嗯。"

"给我一个盆子。"

话音刚落，没等毛杰去取盆子，陈路就吐了出来。毛杰下意识地伸手去接，那苦瓜的残渣夹杂着陈路的胃液一并吐进了他的大手里。

“老公，其实我的专栏没必要这么讲究，我随便查查资料，就可以写个他们要的故事，你不用这么麻烦。”

那天晚上，陈路和毛杰并排躺在床上，她拉着他的手，和他这样说。

“当然要讲究，这是你喜欢做的事，比起我这种还没有找到喜欢做的事的人，你是一级保护动物。”毛杰捏了捏躺在一旁的妻子，在即将入睡之前，含糊地说了一句。

三

那一晚，陈路失眠了。

是啊，写故事一直以来都是她最喜欢做的事。可她却在长期的生活里，渐渐对它失去了耐心。她总认为是它放弃了她，是它将自己拒之门外。可事实是她先放弃的。是她先否定了它的价值，是她先一步以为文字的力量并没有她想的那么大。她对它失去了敬畏的心。她将它当作糊口的工作，当作谋生的工具，是她让它落到了地上。

第二天，她离开家的时候，毛杰还在睡梦中，她没有带她的笔记本电脑，她第一次不再急切地想要完成下周的专栏故事。她去晨跑了。

这是她定居在 A 城之后，第一次决定好好看看它。好好看看这个自己已经居住了八年的地方。原来晨跑的人很多，他们迎着初升的太阳，沿着蜿蜒的护城河奔跑。原来早班车的公交是电车，它们方正的躯壳上方，长着两个细长的耳朵，可以带着你走过大街小巷。驾驶它的司机师傅戴着宽草帽，腰间挂一个巨大的保温杯，遇见过马路的行人，会早早地踩刹车，安静地等待他们先过去。这个城市最多的植物是梧桐。它们碗口大的粗壮枝干上长着茂盛得像鸭蹼一样的叶子，它们在春天是嫩绿的，在秋天就会发黄，待到发酵成金灿灿的颜色之后，就会从树上落下来。金色的枯叶会将宽阔的马路覆盖，当你踩在上头，那裂帛的声响，可以让你看到时间的具体模样。

绕着护城河跑步的陈路惊讶地发现，虽然她没有留意过这座城市究竟长什么样子，但，她却对它一点都不陌生。她看得见这座城市的轮廓，也闻得见这座城市的味道，甚至是现在擦肩而过的陌生人，她也能从他们的身上，看出独属于这一方水土的清晰骨骼。

四

陈路跑步回来发现毛杰又在厨房忙活开了。

“你在做什么？”陈路倚靠在厨房的门边，看着里头的男人满是汗渍的宽厚背膀。

“你过来看。”毛杰略带神秘地冲她招手。陈路走了进去。

“又是苦瓜啊？我要走了。”

毛杰一把拉住陈路的手：

“这道菜是我新学的，它叫作苦瓜炒苦瓜。你别笑，这是我从书上看来的做法。大家都害怕苦瓜的苦味，所以在烧之前都会过一遍滚水，去一去苦瓜的苦味。可是这样一来，苦瓜不但失掉了苦味，甚至于它原本有的清香都不见了。”毛杰边说边将剩下的苦瓜切片，将它们一分为二。

“那你准备怎么办呢？”陈路发问。

“把它们一分为二就可以了。一半过水，一半保留它的原味，最后再把它们炒在一起。这样的话，它会保留苦瓜原本的香味，也降低了它整体的苦味。所以，就是苦瓜炒苦瓜啦。”

我吃过的盐比你吃过的饭还多。

理想很丰满，现实很骨感。

人生本来就是充满无奈的。

稍有诗意的可以这样说：人生无非就是一场又一场盛大的妥协。

现实当然和理想截然不同咯，现实当然比理想残酷许多咯。但，这些话还有另外一半：

我吃的盐比你吃过的饭还多，但我还是很羡慕你依旧年轻气盛。

理想很丰满，现实很骨感。但，它们并不是非此即彼，它们是相辅相成的，就像这样一道苦瓜炒苦瓜，丰满和骨感综合之后，各占一半，才会是个好身材。

人生本来就是充满无奈的，正因为你经历过它们，才会变得更加自省与谦逊。

“有一个人看，即使只有毛杰一个人看我的故事，又有什么要紧。起码，还有一人愿意成为我的读者和观众。而且，这是一件我喜欢做的事，我依旧可以把偶尔想要和这个世界说的话，偷偷地藏到里面去。”

人生无非就是一场又一场盛大的妥协，在这不断开场又落幕的盛大妥协里，保持退一尺进一寸的笃定，你才能在现实的沙漠里，一点点开出花来。伟大的人，是这样说的：如果这是个不好的世界，注定有太多的梦想和抱负会付诸东流，你也要做一株悲观主义的幸福花朵。这才是值得你为之努力的事，也才是你应该长成的样子。这不是傻乐，这是勇毅。

慈姑烧肉

真正的智慧，是拆房子

一

“下午好，一宁姐。”晓茗穿着一件黑色的皮夹克，直而垂坠的马尾走起路来摇摇晃晃，活泼极了。晓茗是王一宁单位来的新人，跟在王一宁身边做一些排版校对的工作。晓茗又漂亮又聪明，很快就和所有人打成一片，唯独自己的顶头上司王一宁是个例外。她约她逛街，她说她不爱买东西；她约她看电影，她说电影院好吵；她约她吃西餐，她又说这家的牛排不够嫩；她和她聊心事，她也总是退避三舍，生怕知道得太多了，会爆炸一般。

“我的顶头上司真是个挑剔难搞的人啊。”王一宁觉得晓茗肯定在私底下这样评价她，只是表面上很恭敬而已。

不知道从什么时候开始，“姐”这个词就和王一宁如影随形了。王一宁还没反应过来时间是怎么一回事，单位已经有了越来越多的小姑娘瞪着大眼睛，迈着小跳步在她跟前，在她耳边一口一口亲近地叫着姐姐。就好像她是她们家隔壁的某个姐姐，她看着她们读书上学，有义务看护着她们健康成长一样。反正也没人问过她愿不愿意被这么称呼。

“一宁姐，等你祭祖回来，我们去吃火锅吧？”晓茗依旧锲而不舍地对王一宁示好。

“呃，火锅那么上火，我吃了会牙疼的耶。到时候再说吧，再见！”

打发走晓茗，王一宁就登上了回老家的火车。火车向着文姬的方向呼啸地开着。引擎的声音很轻，时快时慢，窗外飞驰而过的景致也时好时坏，有时候是一望无际的翠绿色的稻田，零星炊烟；有时候是层层叠叠的茶园，电线杆高高矗立着，黑色的电缆拉出长长的尾巴，天际被一分为二；有时候是弯弯曲曲的河流，白色的石桥横亘在上面，远远望过去，像是黑白照片上的一道彩虹。

王一宁是最后一个回来的，大院子里已经满满当当坐了两大桌子。她的三个伯伯，两个婶婶，还有许久未见的堂姐堂哥，当然，还有现在扑将过来的小侄子小侄女。

“宁宁回来啦，快坐快坐，等得我们都快饿晕了。”

“宁宁,你怎么好像又瘦了,感觉人也黑了,过来我看看。”

“哎呀，你先让她吃饭吧，一路赶回来，很辛苦的。”

是的，在这里，王一宁始终是最小的。最小的弟弟生的小女儿，是哥哥姐姐们最小的堂妹，也是奶奶生前最疼的孙女。她大喇喇地坐下，只和远处烧饭的母亲轻轻打了个招呼，就在众人你一言我一语、你一筷子我一筷子的簇拥里忘了自己的年纪。是的，她还那么小，刚满三十岁，还没有成为一个男人的妻子，也还没有成为一个孩子的母亲。在她的家人的眼中，她依旧还是个稚嫩的少女。

二

“来，大家都到齐了。”父亲端着酒杯站了起来，“一起给两位老人敬个酒，也希望大家身体健康。”

杨梅酒被轻巧地倒在泥里，黄色的泥地微微一软，现出几个小坑，红色的酒一点点透进土里，转瞬就不见了。在场的众人沉默了近乎一分钟，接着母亲便将慈姑烧肉端了上来。

慈姑，看起来像荸荠，口感却酷似栗子，略显青涩，淡而无味。它可以入药，对肝胆、眼睛、肠胃都特别好。常见于南方，可入菜，也可晒成干，作为小孩的零嘴。而它在王一宁的家乡闻集，是一道特别的菜，它是一道年菜，只出现在每年的团圆时节，它和土家猪肉一起加糖爆炒，王一宁的奶奶叫它燕回头。

慈姑烧肉是奶奶生前最爱吃的一道菜。王一宁记得小时候，奶奶也总喜欢做给她吃。去了皮的慈姑被切成白色的片状，土猪肉是一早就用白水煮了的。将油倒进热锅里，放上一大勺雪白的糖。小时候的王一宁总爱站在小板凳上看着奶奶将白糖一点点化成金色的糖浆，觉得特别神奇，就像是个百看不厌的魔术。在汤汁熬好之后，块状的猪肉被齐刷刷地投进去，一刻不停地翻炒，再将慈姑也丢进去，接着翻炒。少许盐，几滴香油，半撮葱花，焖几分钟，继而起锅。

母亲烧的慈姑烧肉，得了奶奶的真传，那是奶奶手把手教的。

“咱们宁宁爱吃，你要多多给她做。”奶奶总是这样一再地嘱咐母亲。

奶奶过世的时候，正值王一宁大学毕业。她考入了这家购物频道做编导，还没来得及将这个好消息告诉她。

奶奶的去世来得很突然，前一天还在地里拔猪草，第二天就没有再醒过来。奶奶是在梦里过世的，这是王一宁觉得最为欣慰的事情。但，那一晚濒临死亡的时候，只有她孤身一人，外头的黑夜从门缝里一点点漫进来，到了门槛，过了桌子，攀附到床上，最后将奶奶整个儿吞没。“无人在侧”这四个字让王一宁难过了许多年。在她的概念里，她一直觉得离开应该是这样的：应该像今天，举家团聚地围坐在一起，奶奶高兴地吃着慈姑烧肉，忽然被一块猪肉卡住了喉咙，一口气没有提上来，就死在了众人的簇拥里。应该这样过世才对。在最幸福的时刻，突如其来的死亡，对于离开的人来说，是最为轻巧的。这是一种难得的幸运。王一宁一直认为她的奶奶应该拥有这样的幸运。

三

“一宁姐，你来啦？”一身居家服模样的晓茗给王一宁开了门。

“你说的吃火锅，是来你家吃啊？”王一宁心下诧异，却也不由自主地脱了鞋子，走进这个小小的一居室。这个家还不及王一宁的卧室大，却被晓茗装扮得很温馨。榻榻米上放着一个大大的火锅，火锅周围是一圈又一圈的盘子，里头的各类烫菜已经洗净去根。锅里的汤滚滚地煮着，散着特有的焦香味。王一宁忽然之间觉得这所有的场景都十分熟悉。这让她想起她刚来这座城市生活的日子。是啊，她也是从那样的日子里走过来的。只是现在年岁渐长，忘性也大了。

这一次的火锅聚餐分外地成功。王一宁和晓茗面对面烫着各类菜品，几乎聊到天明。晓茗给她讲了她的大学生活，令她幸福却因为两地工作最终分手的初恋；王一宁给她讲天涯何处无芳草，初恋就是用来分手的，也给她讲自己铿锵的奋斗史，最后还给她讲了自己的奶奶为慈姑烧肉取名为燕回头的原因。

慈姑，也叫作燕尾草。因为不去皮的时候看起来就像燕子的尾巴，所以有了这个别名。奶奶说，比起慈姑这种愣头愣脑的蠢名字，她更喜欢叫它们燕尾草。雏燕刚刚学会飞翔的时候，也总是战战兢兢的，后来羽翼渐丰，可以独自越过崇山峻岭去远方过冬。但是，无论举家去了哪里，来年开春的时候，它们依旧会齐齐整整地回来。

无论去得多远，都要记得回头观望来时路，记得最初的那个自己是从哪里来的，原本要往哪里去。

是原本敬畏的东西变得不值一提了，还是为了显得不慌不忙而学会了装腔作势？是足以感动人心的事情变得越来越少了，身边可爱可亲值得结交的人所剩无几了，还是自己的城墙越垒越高，灰姑娘搬出了小镇住进了固若金汤的高塔？

所以，故作深沉、故作矜持、扭捏作态做什么？真正的智慧不是变得冷硬，而是变得柔软；不是变得世故，而是变得纯良；不是立高墙，而是拆房子。

慕斯蛋糕和蜡烛

他可以一直是灯塔，但与爱无关

一

开春的时候，杭州最好的风景应该是在南山路。西湖的水干净剔透，有太阳的时候，会和灿烂的阳光一同发光发亮。沿着西湖的外围栽种着一圈柳树。它们在这里长了许多年，现在已经逐渐有了柳树的风骨。翠绿色的柳条在风里摇曳，而白色的柳絮像雪花一样，打在你的肩头。你会深刻地明白浪漫的含义，也会变得异常温顺。庆和的家就在西湖边，邻着宝石山，站在阳台上，就能看见不远处开阔的西湖以及像绿豆似的行人。每个周末如果不出门，她都会站在这里，一边洗衣服，一边看远方。不过今天她却没有这个心情。

今天她起得比以往的每个周六都要早。衣柜里的衣服几乎全部被掏了出来，横七竖八地散在床上，门边堆着一个又一个的鞋盒，高跟鞋，长筒靴，高帮鞋，甚至是单鞋都被她整整齐齐地摆在门边。从早上八点开始，整整两个小时的时间，从内衣到里衬，从长裙到短裤，从风衣到斗篷，庆和已经换了数十种搭配，却觉得每一套都不好看。离出发的时间越来越近了，她渐渐变得焦躁起来。

“人，其实是一种特别寡淡的动物，爱情也是这个世界上最没有定数的一种感情。我不希望我们最终变成陌路人，我希望我们可以维持一种长久的、稳定的、亲密的关系。这种关系，只有友谊可以做到，庆和，我希望你能明白，你对我就是这么地重要。”

这是毕业那天，在机场登机的庆和收到的李木发来的短信。即使时隔八年，庆和依旧能够清晰地回忆起当时看见它的心情。分离在即，前路茫茫，他们终于在不自知的情况下逐渐变成不被时光庇佑的大人。这样的一段话，像是一种难得的宽慰。从成都飞往杭州的飞机遭遇气流，颠簸得很厉害。所有人都在紧紧地握着扶手，唯独庆和像个偏执狂一样，一遍遍默念着短信。像是李木说的话是真的一样，时间与空间的阻隔也无法让他们走散。他们的友谊会地久天长地存在下去，它比所谓的爱情更加坚固。就像是汪洋上的孤舟有了灯塔的指引，当时的庆和竟然觉得有了这样的承诺，即使孤身一人，她也可以温暖地生活。

李木是庆和爱了四年的人，她表白了许多次，李木都没有回应。可是他也没有远离她，他们一起说话，散步，他告诉她他的烦恼，吃她吃剩的半个西瓜，在她生病的时候照顾她，在她伤心的时候安慰她，给她过生日，帮她做作业，却在她向他说爱的时候保持沉默。他们可以聊梦想，聊人生，聊电影，却唯独不可以聊爱情。

当然，起初很长一段时间，庆和同李木都保持着不间断的联系。他们打电话聊各自的第一份工作，视频看对方新剪的头发，发短信报告最新的行踪。可是，时间渐渐久了，他们的联系从一天几次到几天一次，通话的时间从几小时变成一小时再到十分钟，直至最后沉默的尴尬。然后，不知道哪一天开始，他们不再寻找对方。是谁先放弃这样的关系的，庆和已经记不清了。

二

“庆和。”

“李木？”

“还是原来的号码，以为这么久没联系会变成空号呢。”

“怕你找不到我，所以一直不敢换号码。”

沉默。

“开个玩笑，不要紧张嘛，我已经长大了啦。”

电话那头的笑声依旧很明朗：“明天来杭州，公干，有空的话一起吃个晚饭。”

“好，请你吃好吃的。”

最后，庆和选择了一套简单的小西装，外头罩了一件红色的风衣，将长发绑成马尾，以极其干练的样子出了门。她和李木约在断桥见面。周末的西湖人潮涌动，断桥附近更是游人最多的地方。庆和忽然有些后悔将再见面的地点选在这里。他们实在太长时间没有见面了，虽然平时李木偶尔会出现在她的梦里，但，梦里的人，不会被时间腐蚀，他永远健康漂亮。庆和不知道现实是怎样的，她害怕自己会认不出他来，她会将他同这些远远看上去像绿豆一样的陌生人融为一体。当然，她最害怕的是自己也变了，那么她有没有变化呢？原本营养丰富的漆黑的头发因为烫染的关系，变得枯干焦黄。身材依旧匀称，皮肤状态却大不如前。眉眼之间生出了细细的纹路，颧骨也变得一天比一天高。是不是应该庆幸，再见面的时候，她还勉强称得上年轻？庆和觉得自己这样没尊严的想法实在太过可笑。

幸好，是李木先叫了她。哎。看见李木的一瞬间，庆和心里轻轻地叹了一口气。眼前的这个男人依旧健康漂亮，同她的变化形成巨大反差的是李木变成了更加迷人的男性，时间似乎只在她的身上起了作用，眼前这个男人的最好的时光才刚刚开始。

这真不公平，庆和心里默念，嘴角却依旧绽开了笑容。

“庆和，你真美。”李木向着庆和伸出手。庆和伸手回应：“男神，你也不赖呀。”

飞着柳絮、闪着微光的西湖很浪漫，庆和同李木也像一对恋人一般浪漫地逛着。起初，他们有些拘谨地聊了聊天气和风景，接着依靠多年成人世界的热络经验，他们很快又找到了熟悉的状态。

庆和请李木吃饭的地方是一家杭帮菜店，口味清淡，很安静，十分适合闲聊。

“有男朋友了吗？”

“当然，难不成为你守身如玉八年整啊？”

“我还以为你真的会呢。”

“你女友一轮一轮地换，我找一个都有失公平？”

李木听庆和这么说，也没表示异议，低声笑了片刻，忽然开口问道：“你还记得后来我们为什么断了联系吗？

“为什么？”

“有一次你过生日，我给你打电话，你狠狠地挂断了，我觉得你应该是觉得我很烦，也就不再怎么联系了。”

“有吗？有这件事？我一点都不记得了。肯定是那时候加班比较累吧。”

“啊，是偶然事件哪，是偶然事件导致了我们不再联系啊？”

聊过了李木的困惑之后，他们像多年前一样，一刻不停地说了许多话。庆和给他讲了她和现在男友相识的过程，李木讲了他对未来的规划。一顿饭一直持续到饭店打烊。

“你住哪儿？我送你回去。”李木依旧很绅士。

“不用了，我家就在隔壁，走几步就到了。”

李木并没有坚持要送她，两人穿好外套，重新走到街上。庆和从包里掏出一个小巧的盒子，递给李木。

“这是给你们宝宝的满月礼物，你的婚礼我没去，这个一定要收下。”

李木看着庆和递过来的东西，眉毛轻轻动了一下，嘴巴张了张，庆和以为他要开口说话，但他依旧没说什么，伸手接过礼物，然后张开怀抱。

“男神给你的礼物，还不接收？”

庆和先是愣了一下，随即明白过来，她微笑着投进对面之人的怀抱。

嗯，是灯塔的温度，舒适而温暖。

三

杭州的夏天和成都比起来，实在是太热了。从凉爽的地方回来都两年了，庆和依旧还没有习惯这样闷热的夏天。今天是她的生日，远在美国的妈妈寄来的生日礼物依旧不是她喜欢的。不过庆和也早就习惯了。她路过家门口的蛋糕店时买了一个巴掌大小的慕斯蛋糕。最近，她正在控制热量摄入，所以蛋糕还是吃得越少越好。回家，看电视，上网追剧，然后刷了刷最近刚刚开始玩的微博。不知道李木有没有在玩，庆和搜索了李木的网名，发现他果然也在。

最新一条的更新内容是这样的："如果你也遇见不喜欢看足球，却愿意陪你通宵看球的姑娘，那是一件很幸运的事，你要好好地爱她。"

庆和关电脑的时间是十一点五十三分，当她关完灯，在慕斯蛋糕上点起蜡烛的时候，是十一点五十八分。两分钟后，李木打来了电话。

"生日快乐，小妞。也没礼物，就给你唱个歌吧。祝你生日快乐，祝你生日快乐……”

庆和的眼泪忽然止不住地流下来，她看着慕斯蛋糕上忽明忽暗的蜡烛，以极其静默的方式剧烈地哭泣着。她觉得她以后都不会再过生日了，因为插着蜡烛的慕斯蛋糕，看起来好可怕。

如果他无法以她希望的方式那样对待她，那么，其他温柔的方式，其实都意味着残忍。

当然，最初不联系的一段时间，特别难熬，他像个鬼魂一样无时无刻不出现在你的生活里，马路的对面，公交的玻璃窗上，打字的键盘里，以及你的梦里。你每天都想着给他发信息、打电话，删掉号码，号码却鬼使神差地记在了脑子里。再过一段时间，你就会对这个人产生莫名的恨意：“他为什么可以直接不理我，不是说会是永远的朋友吗？我这么痛苦，他却独自幸福，这样，太不公平。”时间再久一点，你又会慢慢平静下来，想起你们曾经的快乐，想起他种种的好，对之前自己这样诅咒他而感到愧疚。这样的情绪周而复始，周而复始，直到有一天，你再想起这个人，觉得他依旧可圈可点，好坏各占一半。你变得理智而客观，不再被情绪牵引着走，像个局外人。于是，你得以重新开始。

李木究竟有没有喜欢过庆和，庆和觉得有那么一点点吧，但不足以引起爱情。比起亲密地在一起，他更愿意他们只是举重若轻的好友，他和她在一起轻松快乐，却没有甜蜜。如果，一定要说李木的坏话，那么李木唯一的坏处就在于，他从没有站在庆和的立场上思考过问题。可是，这也不能全怪他，因为，只有你爱一个人，你才会变成一个利他主义者。

所以，在这段关系里，只有庆和在爱着李木，只有女孩在爱着男孩。直到最后都是如此。

“我的男神，他们都说在分离的时候，好好道别是一件很重要的事情。所以我们分开得太匆忙，一直是我的遗憾。可是，后来，却渐渐明白，好好地道别并没有那么重要，好好地再相遇，才是最重要的。因为，它让我们知道，在各自生活的漫长时间里，我们都过得很好，都成了比互相道别时的那个自己更好的人。为了再见面的时候，能让你刮目相看，我一直很努力。再见面给的希望和动力，远比道别时的珍重与祝福来得夯实有力。”

我们可以恨一个人，爱一个人，或者努力忘记一个人。但，更好的方式是，不去否定他的价值，将他放在原来的位置上。他可以一直是你的灯塔，但与爱无关，他只是提醒你继续前行的光点，告诉你前路崎岖，后路不再，能做的是努力划船，赶上他的步伐，或者将他远远甩开。

糖炒栗子

你要的不是听话与顺从，而是拒绝

一

清脆的铃声在妙高山脚下的求真中学响起，铃声其实并不会有什么特别的情绪，它只是频率稳定音调略高的声波而已，可是听在求真中学所有孩子的耳朵里，就意味着一天枯燥的学习结束了，那是欢乐的号角，就像是打开猪笼后身后的小皮鞭，轻轻拍打在小猪们的身上。所有的“小猪”都推推搡搡，鱼贯而出，你挤我，我踩你，好不热闹。奔跑在最前面的就是张丹，每天放学，她总是冲在第一个，就好像有什么东西在和她赛跑。可不是，她每天都要和那个叫作顾辰的隔壁班的臭小子赛跑，而她几乎从来都没有赢过。当然，这次，她也不出意料地输了。

远远地就看见顾辰站在三年级四班的集体停车处，他悠闲自在地倚靠在自己粉色的凤凰牌单车上。他看见飞奔过来的女孩子，大摇大摆地挥了挥手，待张丹气喘吁吁地走近了，就稍微挪开了一点自己的身子，给张丹让出道来。

“你今天比昨天还慢呀，我都放了两个轮胎的气了你才到，啧啧啧。”顾辰一边悠悠地说话，一边从口袋里掏出栗子吃了起来。张丹发现顾辰剥栗子剥得特别快，单手轻轻一压，金黄色的果肉就整个儿蹦了出来。

“顾辰，你这样有意思吗？”张丹看着顾辰手里的栗子，大口大口喘着粗气，用手肘顶开身边叉着腰的男孩子。顾辰敏捷地躲过追击，忙不迭地又从口袋里掏出一把香喷喷的糖炒栗子：“要不要？可香了。”

“顾辰，你，你王八蛋。”张丹被气得眼泛泪光。“干吗啦，吃一两个有什么要紧，又不会把手弄伤，你豆腐做的啊，德性。”说完，顾辰就将手里的栗子通通丢进了张丹单车的篮子里，一脚跨上了自己的自行车，边踩边嚷嚷：“明天记得再跑快点啊。再慢，就把你的篮子也给拆了。”

“你神经病。”

张丹细软的声音被顾辰的哈哈大笑打断，就像是丢进水池里的鹅卵石，轻飘飘的，没有任何杀伤力，实在激不起什么大动静。

“今天怎么又这么晚？”王静在厨房炒着菜，听见女儿开门的声音，将火关得小了点，探出脑袋来看了看张丹。

“嗯，老师拖了一会儿课，爸爸还没有回来？”

“他在外面吃饭，你先去练一个小时的琴吧，我昨天听你弹得好像不是很顺手。晚饭好了我叫你。”

张丹放下书包，去洗手间洗了一把脸。额头上的那颗痘痘好像更大了，妈妈说不能挤它，不然会留疤。“其实留疤也没什么要紧，反正你也不好看。”张丹狠狠瞪了一眼镜子里的少女。

二

张丹为什么会开始学习古筝，她已经不记得了，反正从她记事开始，这间琴房、这架古筝就一直存在着。就好像它从来都是属于这里的。自己是什么时候开始坐在这个位置上拨弄这样的二十一根琴弦的，她也一直回忆不起来。记忆里只有她翻看琴谱的样子，以及妈妈坐在一旁打着拍子的样子。自己究竟喜不喜欢弹琴，她也不是很清楚。妈妈是这样说的，小时候张丹一哭闹，妈妈只要抱着她来到古筝的边上，她就变得很安静。可是，张丹总觉得不是这样的。这架古筝直挺挺地放在空旷的书房里，罩着厚厚的外罩，偶尔发出空洞的声音，远远看上去，就像一具安静的尸体。不再哭闹，并不是因为喜欢，而是因为害怕吧。这是长大后的她得出的最终结论，但，她却没有勇气这样对王静说。

这首要拿去参加比赛的《寒鸦戏水》，张丹总是弹不好。音域跨度太大，让她拼命张开的虎口每天都很疼，中间段落的左右手配合联弹由于要求的速度太快，总是拨错琴弦，还有节奏和拍子的把握，还有这样那样的问题。这是一首八级的曲目，对于只考过了六级的张丹来说，本来就很难掌握。张丹耐着性子一遍遍练习着指法，可是却觉得双手完全不受自己的脑袋支配。不知道为什么，她觉得手底下的这架古筝像是有着生命，它和她都厌恶彼此，它一点都不配合。张丹想到这里，不由怒火中烧，发疯似的在琴面上一顿乱拨，琴弦剧烈地抖动，每一根都发出刺耳的音调，混合在一起，变成了一声声尖利的嘶鸣。

“丹丹，你做什么？”听见声音的王静冲进了琴房，张丹听见妈妈的声音，迅速按住了抖动的琴弦。

“怎么能这么弹，再过一个星期就要比赛了，你要抓紧练习。”

“知道了，妈妈。”

王静站在琴房门口，等了一会儿，示意张丹重新开始，张丹深吸了口气，重新将手放到琴面上，然后，她们的家里，再一次充满了灵动的琴声。

接下来的一个星期，在张丹和顾辰的比赛里，张丹依旧输得很惨，一次被拔了气门芯，一次被拆了篮子，一次被上了锁。所以，在比赛的当天，张丹决定从学校走路去少年宫。

“喂，张丹，你的车呢？”顾辰骑着他的山地自行车在张丹的身边，一圈又一圈地来来回回。

张丹吃力地抱着一架大古筝，觉得身边的顾辰就像一只恼人的苍蝇。她努力抱紧自己的琴，加快了脚步。

“不就在学校隔壁吗？你着什么急。”

“喂，我跟你说话呢。你听见没有？”

“张丹，你干吗不说话，喂。”

原本在赶路的张丹忽然停了下来，她猛地将古筝狠狠摔在了地上，古筝发出一声闷响。这吓了顾辰一跳。

“你，你干什么？”

“你不是要我理你吗？你要说什么，你说啊！我现在等你说！你是不是想要把我的琴也给拆了，你拆啊，你拆了我就谢谢你，你动手啊，你把它拆了啊！”张丹觉得全世界都在和自己作对，她难过极了。

站在对面的男孩子起先有些发懵，他双拳握紧和张丹面对面站着，过了近一分钟，接着就蹲下来抱起地上的古筝，大步流星过了马路，在临河的地方将这具黑色的、又长又宽的“尸体”，投进了河里。张丹大叫一声，冲了过来，但见河水湍急，那具“尸体”发出“扑通”声响，顺着激流顺流而下，一下子，就消失了踪影。

“好了，再也不用比赛了。”顾辰转过脸，向着张丹摊开双手。

张丹觉得自己肯定是被眼前这个神经病传染了。她心爱的琴被河水吞没了，她应该大哭才对；她丧失了比赛的机会，她应该大哭才对；她的妈妈一定会大发雷霆，她应该大哭才对。可是她却忽然变得很快乐。她亲眼看着自己的琴没入河水，消失得彻彻底底，就像从来不曾出现过，她竟然觉得很快乐。张丹想，自己一定是疯了，和身边这个每天拔自己气门芯的小子一样，疯掉了。

她这样想着，就毫无征兆地对着顾辰笑了起来：

“干得好！”

三

“走，带你去个地方。”得到张丹肯定的顾辰像个大英雄一样挺直腰杆，让张丹坐在自己的单车上，疯野地骑着。

单车在张丹梦寐以求的地方停了下来。那是一家全城闻名的糖炒栗子店。那金色的栗子在巨大的铁锅里轻巧地翻滚着，可爱极了。

“老板，给我来两份。”

“哎呀，小子，女朋友来了好阔气的说。”

“我不是他女朋友。”张丹捧着热腾腾的袋子，还不忘给自己澄清。

那收钱的老板大乐，又往张丹的袋子里装了一把栗子：“现在不是，以后就是了。吃吧吃吧，请你吃。”

在很长一段时间里，张丹都认为，做个懂事的孩子最重要的一点便是听话，乃至是顺从。直到她遇见一个每天欺负自己的男孩子，他折磨她的粉色单车，嘲笑她豆腐一样的双手，丢掉她的琴，将糖炒栗子放进她的手里。

张丹用自己的双手，捧着滚烫的栗子，然后用指尖用力剥开它们棕色的外壳，将甜甜的果肉一颗颗地送进自己的嘴里，幸福无比。至于顾辰有没有吃，她已经不记得了，她只是记得他骑单车的速度很快，她坐在他的身后，因为害怕紧紧揽着他的腰，他发出响亮的欢呼，声音清脆，比琴音还要悦耳动听。他一边欢叫一边回过头来对她说：

“张丹，真正的成长，不是听话和顺从，而是懂得拒绝。”

只有当你学会了表达自己的喜恶，有了自己的坚守和脾性，你才不算是父母的某一件从属品。哦，还有一件事忘了说，栗子铺老板说得对极了。多年以后，张丹成了顾辰的女朋友。

如果你发现，有一个人总是极尽所能地折磨你，那么，他一定是喜欢你。有多频繁地欺负你，就有多频繁地喜欢你。他的每一句揶揄里，都在急切地表白。

如果你也喜欢上了一个人，如果你也不会用更好的方式表达，那你要记得陪在他的身边，做个欺负他的王八蛋。直到有一天，你学会了所有的文词造句，懂得了怎样温柔地说话，知道了喜欢一个人是件美事，它并不羞耻，你再来好好地把它们说给他听。

红烧蹄髈

记得手拿长剑，如果不得不独自上路

一

红烧蹄髈，是沈宜最不爱吃的一道菜，但却是绝大多数人都喜欢吃的一道菜。

酱料充足的勾芡，圆润美满的外形，筷子从中间插进去，撕扯开柔软的金色的表皮，露出肥瘦搭配得当的嫩粉色的猪肉，咬下去咸甜适中，如果害怕过于油腻，可以适时地夹一口白煮的小青菜。但，因为红烧蹄髈制作起来费时费力，所以一般家庭的平时餐桌上，并不会有它。严格意义上讲，它应该是一道宴席菜肴。而沈宜对它的畏惧也就来源于“宴席“这两个字。

那时沈宜十三岁，已经到了可以独当一面的年纪。所以在他们家一天要去参加三场婚礼的时候，沈宜被父母单独派遣了出去。这是张哥哥的婚礼。其实沈宜对张哥哥并没有什么太深的印象，只记得是个胖乎乎的小伙子，小的时候因为正值青春期，长了满脸的痘，坑坑洼洼像个石榴。此时，一身黑色西装的张哥哥正站在酒店的旋转门前，挽着自家新娘，冲着沈宜招手，满脸都是慈爱。沈宜惊讶地发现，长大了的张哥哥完全不一样了，变得细长细长的，脸上也变得很光滑。但是涂了白粉的脸和脖子有明显的色差，要不要告诉张哥哥这个问题呢，沈宜最后决定还是算了，于是她甜甜地叫了一声“嫂子”，将沉甸甸的红包塞到新娘子手里，然后就被人领了进去。

她被安排在一众孩子中间，零零散散的小朋友被大人人手一个地带着，只有沈宜落了单。不过，沈宜觉得自己已经是大人了，应该习惯这样的孤单，所以她看上去显得十分自得其乐。酒席在六点十八分开席，是个很好的时辰。大闸蟹、清蒸鲈鱼、龙虾、烤鸡，菜肴像流水一样地上桌。沈宜所在的这一桌，是整个礼堂里最喧哗的。孩子们横七竖八地以各种姿势躺在红木椅子上，有的狼吞虎咽，有的哭闹不止，有的上蹿下跳。杯子破了，发出刺耳的声响，椅子被拉得哗啦作响，大人的训斥声此时变得比平时都要响亮。

“你怎么回事，下次不带你出来了。”

“不要跑，好好给我坐着。”

“你怎么这么不听话，妈妈要打了。”

“这个不是这么吃的，把骨头吐出来，哎呀，不要吐在地上，哎呀，你脏死了。”

而沈宜呢，她只是端庄地坐着，小口小口地吃着自己用筷子就能够得着的菜肴，那是她平时吃不到的一道菜，红烧蹄髈。沈宜的知书达礼和整桌略显失控的画面极不相称。她边吃心里边升起几分骄傲来，她想要是妈妈能看到现在这样的场面，她一定会给她一个大大的拥抱。

“姐姐，姐姐。”刚刚那个打破玻璃杯的小男孩不知道什么时候站在了她的脚边，扯着她为参加这次婚宴特意新买的粉色碎花小洋装。沈宜轻轻抬了抬脚，挪了挪自己的身子，从小男孩的手里抽出裙摆：“怎么啦，小弟弟？”

“姐姐，你受伤了吗？”沈宜只觉得这个问题好莫名奇妙，只得耐着性子，柔声开口：“姐姐没有受伤啊。”那个小男孩满脸疑惑，愣愣地瞧着沈宜的后裙摆：“可是，可是你在流血啊。”

沈宜听他这么一说，狐疑地站了起来，发现自己果真在流血，屁股后面的裙摆重重的，原本粉色的衬裙变得殷红，由于站起来太快了，她分明感受到了肚子下面的部分有什么东西正在“嗖”地往下沉，一大摊血水顺着她的大腿内侧流了下来，一下子就染红了她的白色连裤袜。

“哎呀，她要死了，啊，她要死了。”

所有原本在吵闹的孩子们都因为害怕哭了起来，大人们一面捂着孩子们的嘴，一面向沈宜投过来半关切半责备的目光。沈宜只觉得全场所有人都望向了自己，就像她是一盘被端出来的隔夜菜。张哥哥和他美丽的新娘正准备和着音乐入场，此时正和她面对面站着。沈宜因为太惊慌，所以根本不知道她拦住了新人举行仪式的道路。她一直记得当时张哥哥和新娘的眼神，即使过去了很多年，张哥哥和他的妻子已经过了他们十周年的纪念日，即使他们后来还是依旧用慈爱的目光看着她，她却还是对当时的那种眼神记忆犹新。那是一种惊恐里夹杂着埋怨的眼神，就好像她的出现是那么地不合时宜，不被人喜欢，简直是个灾难。

沈宜想要迈开双腿，好给眼前错愕的新人让出行礼的通道来，可是身体除了瑟瑟发抖之外，别的什么都做不了。后来，刘彻就出现了。他像是拯救落难公主的骑士一般地出现，用自己硕大的大衣将她整个儿裹住，然后抱出了礼堂。可能是因为刘彻走得太快了，也可能是因为沈宜吃了太多的东西，她靠在刘彻的肩头，吐了起来。刚才吃下去的红烧蹄髈还没有抵达胃部进行消化，就被整个儿地吐在了刘彻的身上。

那是沈宜的初潮，也是她第一次认识这个比她大十岁的哥哥刘彻的日子，是她患上宴席恐惧症的日子，当然，从那天开始，她再也没有吃过红烧蹄髈。

二

这是新年过后，全国下的第一场雪。冰雪覆盖下的城市，好像从一个模子里刻出来的。当然，即使没有它们，城市在外壳上也很难区别出什么不同来。沈宜觉得去的地方越多，这样的感觉就越明显。有时候走到一个陌生之地，会觉得，呀，这里她来过，这里和她每天早晨赶去上班挤的公交车站一模一样。而有的时候，明明是站在每天必须经过的公交车站，等一辆每天都会坐的公交车，严冬冷风阵阵，她小跳着抓紧领口，不让风吹进脖颈，这时候，下意识地抬起头，对面走过来同样冷得面色煞白的人，他们低头疾走，双手插在厚棉衣的口袋里，或者用嘴呵出热气，搓动双手来回取暖，她会有种莫名的陌生感："这里是哪儿？对面来的是谁？他们这么急匆匆的赶去哪儿？而我站在这里是要做什么来着？"

"喂，丫头，你到哪儿啦？再过一会儿我就要去接亲了，你怎么还没到？”

“刚到西站坐上车，杭州大雪，路上太堵了。”

“我不管外头怎么个大风大雪，你要是赶不及来看我娶了个多美的天仙，我死不瞑目，你知道吧？”

“刘彻，再胡说，没个正经。我一定会来，我有事要告诉你。”

那么，哪里可以告别这样的陌生感呢？从杭州开往穗龙的大巴车在高速公路上一路直行，沈宜倚靠着车窗，车窗上投影出她的侧脸也投射出外头的景致。景致，可不可以用这个词来概括外头飞驰而过的旷野和山峦以及零星炊烟，沈宜觉得这仍待商榷。公路是这样一种存在，因为它将两个定点连接起来，所以除了“连接”这一种用途之外，它只是空间和时间的丈量尺，不具备任何停留的意义。而高速公路就更可怕了，它让人连停留的权利都没有。我们大多时候，只是从此地奔向彼地，而此地和彼地有时候又相似得可怕，就像是同一个地方。想想，还挺没意思的。

四个小时的车程，大巴车终于抵达穗龙。

沈宜一下车，就熟门熟路地拐进小车站旁边的公共洗手间，她反锁上女洗手间的门，从背包里掏出事先准备好的紫色连身长裙，迅速脱下毛衣以及牛仔裤，贴上乳贴，小心地穿上薄丝袜，将连身长裙抖了抖，确保没有褶皱，穿上。最后又从包里掏出一双黑色高跟鞋，换下厚实的雪地靴，再重新披上卡其色大衣。穿戴整齐之后，她站在镜子前，将自己的长发高高盘起，补了补腮红，查看了一下自己的脸色，最后抹上杏色的口红，对着有些脏的镜面开始练习微笑。

“太僵了，再笑一点，尽量露出牙齿，笑太大了，收一点，嗯，好，这样差不多了，再来点，一点点。好，就这样。记得这个弧度，这种感觉，就是这种感觉。自然、随意又带着真心实意的祝福。嗯，很好，就这样。不要害怕，没什么好怕的，只要坐下，安静地坐着就好了，两个小时，噢，不用，一个小时，就结束了。”

三

刘彻的婚礼在穗龙最好的酒店举行，他的父亲是这里有名的商人，所以他的婚礼，几乎邀请了穗龙一大半的人口，可以称得上是这几年里这个小地方办的最盛大的一场婚礼了。刘彻已经一个星期没睡过一个安稳觉了，面对来来往往的恭贺人流，显得有些失神。当然，同他一样几乎一星期未睡的还有身边这位穿着白色婚纱，眉目温柔的女子。

刘彻的妻子叫晓雯，是刘彻任教的学校的老师。和他这个体育老师不同，晓雯是一名语文老师。她教五年级六个班的语文，写得一手好文章。晓雯愿意嫁给他这个三十好几又没什么大志向的体育老师，刘彻心里满是感激。他对自己的定位十分清晰明确，他不是个拥有什么大志向和大智慧的人，他很简单也很平凡，只想过一成不变的如同流水一样的日子，在这一点上，他和他的那个忘年交一点都不相同。

刘彻的忘年交沈宜在酒席开席过半的时候才匆忙赶到会场。她不咸不淡地溜进去，就近在礼堂的侧门边找了个空位子坐下。沈宜想到过刘彻的婚礼规模应该会很大，但她没想到会这么大。沈宜觉得会场的空气有些闷，她喝了一大口手边的饮料，将目光锁定在圆桌上的装饰花束上。

“呀，你是沈河的女儿吧，跟爸爸长得好像。”沈宜觉得远处好像有人同她说话：“刚刚这个人在说什么来着，噢，问我是不是沈河的女儿。我应该点头，只要点头就好了，点头就可以结束了。”

“嗯。”喉咙发干，好像再也说不了更多的话了，沈宜又迅速倒了一杯白水，咕嘟咕嘟全都灌了下去。放在圆桌中间的装饰花好漂亮，有多少品种在里面呢？沈宜再一次把注意力集中到圆桌的中心区域。嗯，红色的是玫瑰，一朵，两朵，三朵……

“小姑娘，快吃菜呀，这个可好吃了。听说你在杭州，你在杭州做什么工作呀？”刚才数到哪儿了，对面这个大叔好吵，八朵，九朵，嗯，总共有九朵玫瑰花，然后呢，外面那圈是什么花来着，紫色的，叫勿忘我，然后是满天星、君子兰、康乃馨……

“小姑娘，你在杭州做什么呀？”沈宜勉强将眼神从花束上挪开，望向圆桌对面的男人。他长什么模样，沈宜完全看不清，唯一清晰的只有那张嘴在快速地一张一合，宽宽的牙缝中间有一粒绿色的菜渣，那绿色的菜渣被咬得渗出墨绿色的汁，沈宜觉得她似乎又快要吐了。是刚刚上来的哪一盘菜呢？她将眼神迅速从男人身上移开，尝试着将它从桌上的菜肴里检索出来。

“菠菜。”

“什么，你说什么？”

“广播台，我在广播台工作。”这时，上来了新菜，八宝饭。大家开始尝食新菜，没有人再将关注的目光投射到她身上，也没有人再好奇地提问，沈宜这才轻轻松了口气，又接着抬头数起了吊顶上射灯的数量。这些射灯真的好美呀，七彩颜色一个不少，每间隔十五秒就会变换一次颜色，产生五棱镜的效果。总共有四十七盏射灯，其中有二十盏可以变换出五种颜色，有二十二盏可以变换出两种颜色，还有五盏的灯泡坏掉了。

“沈宜，我想起来了，你叫沈宜，对不对？”坐在身边的阿姨因为回想起了她的名字，而轻拍了一下她的后背，这让专心致志给四十七盏射灯分类的沈宜吓了一跳，她轻哼一声从座位上跳了起来，差一点打翻手边的酒杯，迎来同桌所有人的惊呼。

又来了，沈宜心里一紧，心情变得十分绝望，当年那种芒刺在背的感觉再一次涌上心头，她不由整个人打起颤来。可是当时她还有她的骑士英雄，而现在，她必须接受她只是骑士披荆斩棘去见公主的道路上，偶遇的一个落难的村姑，他不会再来解救自己。

但是大厅里依旧喧闹不断，没有人注意到这个小角落发生了一些不寻常的事，有一个面色煞白的女孩，全身紧绷像根木棍一样直挺挺地站着，似乎紧张得随时可能会吐出来。这一次同上一次不同，这一次并没有人往这边看上一眼，大家都在各自的桌子前吃得十分欢腾。沈宜本能里只觉察到了一个人的目光。她认识那道目光，关切而温暖，那是刘彻的目光。

“你怎么坐在这儿？”刘彻大声嚷了一句，穿过桌海，拉着她直接来到新娘身边。

“不用担心，这张桌子只有我和刘彻，你的情况他一早就跟我说过，而且，我们这桌的菜单里，也不会有红烧蹄髈噢。”晓雯有些调皮地冲沈宜眨了眨眼睛。沈宜想，她的骑士英雄带回来的这位公主真是又美又善良。

“对了，你不是要和我说一件什么事么，你说吧，趁我现在还没喝醉。”刘彻一边吃着八宝饭一边嘟哝着。

沈宜沉默了一会儿，接着摇了摇头：“我说过有事要告诉你吗？我忘记了。”

每个姑娘在成长的过程中都会经历很多不一样的情感体验，被喜欢，被欺骗，被背叛，或者是被原谅。当然，还会有许多无法逾越的恐惧，比如带羽毛的鸟，没有腿的蛇，水，黑夜，或者是一盘红烧蹄髈。

而沈宜觉得，刘彻既是她的忠诚的朋友、慈爱的师长、像天光一样深爱的人，也是她的带羽毛的鸟、没有腿的蛇、水、黑夜以及那盘永远无法下咽的红烧蹄髈，是她无法逾越的恐惧的来源。她不知道这样说，旁人会不会明白。就像阳光灿烂的地方，阴影最深。在内心深处，他成为了她的救世主，她因为他的存在而放弃了自身的努力。“反正我有我的英雄骑士，我只要站在原地，茫然若失或者是大声呼救，他就会来救我出水火。所以，我无须努力，我有那么冠冕堂皇的理由来请求救援。因为，我生了病，我害怕它们。”于是，恐惧就变成了永远的恐惧。

“嫂子。”

“嗯，怎么了？不舒服吗？”

“没有，我只是想说，不用改变这桌的菜单，红烧蹄髈，我也好久没吃了，现在，还有点怀念它的味道。”

如果你是一位公主，而你的身边有幸也有这样一位骑士，他可以替你遮风挡雨，那么，在爱他感激他的同时，也不要忘记了攥紧手中的长剑。因为他可能会有不得不离开的理由。可能他会疲倦，会喜欢上别人，会有更重要的事情做。而到了那个必须分离的日子，你也要拥有披荆斩棘，独自上路的勇毅。这样，恐惧才有可能不再是恐惧。努力让他的离开成为一种推力，让你变得更强壮的推力。

所以，沈宜原本要说的话最终没有说出口。暗恋，是这个世界上最不会被辜负的情感，因为不说出口，不用被选择，更无权要求掌控对方的去留。这些都使得他的离开与厌倦、背叛、逃离这样的词汇没有了任何的关系。

蒸茄子

有人走过来了，步履匆忙

一

邱艾从小到大一直是个不挑食的孩子，无论邱祺做什么菜，做得花色如何，咸淡怎样，她都照单全收。但，唯独只有茄子这一样菜，是邱艾的天敌。邱祺曾经为了让邱艾接受茄子，花费了极大的功夫。她把它做成糖醋的，酸辣的，或者和肉末面粉裹在一起，油炸做成零嘴，邱艾通通不买账。她会撅着她的小嘴巴，捏着鼻子，露出嫌恶的表情，跑得老远。所以，茄子是她们家一直不会上桌的菜。因为邱艾与邱祺以及茄子的战争由来已久，所以当邱艾上完一天的课程回到家，看见桌子上摆着一盘蒸茄子时，可以想见她心下会有多惊诧。当然，对于桌子上蒸茄子的反感程度远不及对端坐在那张桌子正中央冲她傻乐的男人来得多。

围着围裙的邱祺哼着小曲还在厨房里忙进忙出，并未注意到放学回家的邱艾。那坐在位子上的男人看见进来的少女，略微慌张地站起来，伸手和她打招呼，但邱艾则选择了漠视。她的目光越过他，跳跃着跑进厨房，一把抱住了邱祺。

“小艾，回来啦？饿了吧？一会儿就可以吃饭啦。”邱祺端着鸡汤走出厨房，那个男人迎了上来。

“我来吧，小心烫。”

邱祺将手里的碗递给他，眼里流露出了少女般的羞涩。

“小艾，你和赵强叔叔打过招呼了吗？”

邱艾一时语塞，赵强望了望有些窘迫的女孩，柔声说道：“当然，小艾是吧？小艾小时候最喜欢和赵强叔叔玩积木啦。”

“小时候是我傻，看不出来你对我好是看上了我妈。”邱艾心里一阵恼怒，不由瞪了一眼赵强，却被赵强嬉皮笑脸地混了过去。

邱祺坐在长条形餐桌的中间，左边是邱艾，右边是赵强。她今天的心情好极了。原本右边的那个位子从前都是空着的，而现在它终于被填满了，邱祺觉得异常圆满和温暖。

“快吃饭吧。这个你最喜欢的，来，多吃点。”邱祺端起碗，顺势将蒸茄子往赵强的面前推了推。赵强感受到了邱祺的关心，夹起一条软绵绵的茄子，蘸了蘸酱料，顺势放进嘴里。邱艾看着那条软趴趴的像是蚯蚓一般的茄子在赵强的嘴里蠕动，偶尔拉出长长的丝线，混合着他发白的唾液，觉得胃里一阵翻江倒海。怎么会有人喜欢吃茄子？果然，只有恶心的人才喜欢恶心的东西。

二

邱艾原本姓李，木子李。不过后来她的父亲离开她同母亲之后，母亲就在户口本上换了她的姓氏，李艾在一夜之间变成了邱艾。起初邱艾很不习惯，别人偶尔也还是会用老名字喊她，她也回应得特别快。邱艾觉得，母亲一开始也很不习惯。她虽然改了她的名字，可也同别人一样，总是李艾李艾地叫她。邱祺每次这样叫她的时候，邱艾都能从母亲的脸上看到一种复杂的表情。那表情仿佛李艾这个名字是带着电流的，只要一出现，母亲就像被电流击中了一样，她的脸上会出现一种既痛苦又隐忍的表情。后来她们就达成了某种沉默的共识，邱艾在邱祺的嘴里变身成小艾。自从被称作小艾之后，原本的李艾就变了性格。她本来很骄纵，现在却很乖巧。本来很挑食，现在除了茄子之外几乎什么都吃。本来很喜欢去小朋友家过夜玩耍，现在只要一放学就会马上往家赶。

“我们家小艾什么时候变成妈妈贴心的小棉袄了呀？”每天邱祺抱着她睡觉的时候，都会不停亲吻她的脸颊来表达对她的喜爱。小艾觉得能够成为母亲快乐的来源，是她表达对母亲的爱的既定方式。这么多年来，她们都在给彼此最多的爱里，安稳地生活着。

“今天的作业很多吗？”赵强推开邱艾的房门，走了进来，一屁股坐在了邱艾的床沿上。正在做作业的邱艾脊背一凉，放下手里的圆珠笔，瞪着来人：“你不会敲门吗？我不喜欢别人坐我的床，我有洁癖。”“对不起，对不起。”赵强慌忙站起来，有些窘迫地拍了拍邱艾的床铺，将坐皱了的部分抚平，却并没有要出去的意思。

“你在做数学作业吗？高三的题目应该已经很难了吧？”赵强说着就朝着邱艾的身边走去。邱艾猛地站起来，拿着水杯，侧身闪过赵强，去客厅灌水，用冷冷的音调回复：“赵老师，您是初中数学老师，高三的题目，应该不在您的涉猎范围里吧。”赵强嘿嘿笑了笑，那样的笑看在邱艾的眼里，说不出的尖酸。邱艾恨不得冲上去给这个男人一巴掌，但她忍住了。她只是飞快地跑进房间，“砰”一声关上了房门，将她深爱的母亲同母亲的新男友留在了外头。

即使不出房门，也能知道今天赵强是要留下来住宿的。

他现在开始在厕所洗澡了。他把淋浴蓬头的水开得大大的。“那些水肯定会飞溅到我的毛巾上。”邱艾忿忿地想着，不禁在草稿本上一道又一道地胡乱画着。他和母亲进房间了，他们关上了房门。不一会儿，母亲清脆的笑声响了起来。母亲银铃般的笑声是邱艾从来没有听过的。原来母亲也有如此不庄重的笑声啊，邱艾不禁感叹。

这样的笑声打断了邱艾原本严谨的推演逻辑，她不由将手里的笔朝墙壁上狠狠砸过去，接着打开收音机，将音量调到了最大。

收音机里有个沙哑的女生在唱着一首远游的歌，歌词是这样的：“为你我用了半年的积蓄，漂洋过海地来看你。为了这次相聚，我连见面时的呼吸都曾反复练习。言语从来没能将我的情意表达千万分之一，为了这个遗憾，我在夜里想了又想，不肯睡去。记忆它总是慢慢地累积，在我心中无法抹去，为了你的承诺，我在最绝望的时候，都忍着不哭泣。陌生的城市啊，熟悉的角落里，也曾彼此安慰，也曾相拥叹息，不管将会面对什么样的结局。在漫天风沙里，望着你远去，我竟悲伤得不能自已。多盼能送君千里，直到山穷水尽，一生和你相依。”

邱艾知道，这是一首很美的情歌。可她却因为想起了此时在另一间房间里的母亲，而伴着这样的一首歌曲，泪流不止。

三

“赵叔叔，您有我家的钥匙吗？妈妈出差了，我的钥匙锁在了家里。”邱艾给赵强打电话的时候，已经有些晚了。这是邱艾第一次主动给赵强来电话，赵强很开心。于是他以最快的速度赶到邱祺的家，替坐在门口的邱艾开了门。

“赵叔叔，您今天能留下来陪我吗？妈妈不在家，我，我有些害怕。”因为这是邱艾这么多年来对赵强的第一次请求，赵强想也未想就同意了。所以在邱艾让他给自己递毛巾的时候，他并没有过多地思考过什么。“给。”赵强隔着门，将浴巾递给里头的邱艾。原本应该接过毛巾的邱艾并未拿走毛巾，而是一把将赵强强行拽进了浴室。

邱艾浑身赤裸地站在那里，不由分说地就抱住了他，赵强大惊失色，试图挣脱，却被邱艾牢牢地缠住动弹不得。

“你干什么？”

“你马上就知道了。”邱艾近乎恶作剧的声音在赵强耳边响起。

邱祺打开家门的时候，看见了赵强同邱艾脱在门口的鞋子。接着就听见邱艾尖利的呼救声。她快速朝着浴室跑过去，就看见了衣不蔽体的小艾，以及站在一旁气喘吁吁的赵强。

邱艾觉得自己的计划特别成功。因为自从那次事件之后，赵强就再也没有出现在她们家，包括餐桌上那盘蒸茄子一起，被清除出了她们母女的生活。直到有一天，赵强来学校找她。几个月不见，邱艾发现赵强整个人憔悴了很多，她的心里生出一丝愧疚，但仅仅一瞬间，她便决定收起她的心软，她要先下手为强。

“你来找我干吗？我跟你说，我妈不会原谅你的，你死心吧。”

“你放心，我不是来请你做和事佬的，我和你妈妈已经和平分手了。”

“是吗？”邱艾不禁愣了一会儿，“那，那你还来找我做什么？”邱艾态度依旧很强硬。

“有些事情，我想应该告诉你，虽然你妈妈让我不要说。”

“什么事情？”

“关于，关于那天晚上的事，其实你妈妈早就知道是怎么回事了。”

“你，你说什么？”邱艾不敢相信自己的耳朵，赵强则自顾自说了下去。

“她说，她上楼的时候，抬头就看见趴在浴室窗口的你。她本来想和你打招呼，但你却关上了窗门。她知道，你在等她回来。”

邱艾觉得有些胃疼，她的手心冒出汗来：“那她，她为什么不拆穿我？”

赵强看了看身边这个面色惨白的少女，不禁摸了摸她的脑袋，这一次邱艾并没有躲开。

“傻丫头，因为你妈妈爱你啊。她知道你这样做的原因，是因为你害怕失去她。”

四

邱艾回家的时候，她们的小区正好停电了。漆黑的巷子看起来就像尽头藏着一扇地狱之门，同她现在的心情一样，黯淡无光。她有些踟蹰地推着她的自行车站在那里，第一次对回家产生了抗拒。她孤零零地矗立在黑暗之中，瑟瑟发抖，想着或许会站在这里就这么忽然倒地死去。

此时，远处亮起了微弱的萤火。有人走过来了，步履匆忙。萤火渐渐变成通透的光亮，衬着光亮走来的是她的母亲。

“下回，我要尝试吃一吃蒸茄子。”母亲温柔的面目越来越清晰的时候，邱艾这样决定。

CHAPTER 4

如果，我和世界不一样

如果你仍然独自一人，
请不要觉得颓丧。
只是这个世界太大了，
你还没有遇见那个同你在
一个病房里的病友。

葱油拌面

那是一颗滚烫的赤子之心

一

一座城市究竟有多繁华，可以看它有多少个规格不等的CBD，有几家连锁的万达影院，地铁的通达度如何，也可以看它囊括了多少用以满足人们口腹之欲的高档餐厅。对了，还有一个判定基准，那就是在街头巷尾集结的沙县小吃的数目是不是足够庞大。我一直觉得沙县小吃是一个很特别的存在，它几乎遍布了乡村城市。或者可以这样说，只要有中国人的地方，就有地道的沙县小吃。

沙县在哪儿呢？它位于福建的三明市。最初，沙县小吃的确继承了古时候传统的汉食特点，糕点，烧麦，喜粿，扁肉。如果你有机会去沙县，记得要品尝品尝它们。而我家门口的沙县小吃,菜品就单一多了。它大致只做几样东西——馄饨,饺子,小汤包,乌鸡粉,各类炖品,以及我个人比较中意的葱油拌面。葱油拌面是只比泡面复杂一点点的食物。煮好的面条同酱汁搅拌均匀,淋上麻油,撒上葱花,只要三块钱,就能让你拥有饱足感,而且味道还很不错。在最初工作的一段时间,它是我的最爱,但,随着收入增加,也伴随着成年人特有的矜持和羞耻感,那家沙县小吃店已经被剔除出我的菜单许多年了。而再一次走进它,是因为我的小舅。

二

我的小舅叫大鹏,他是外婆最小的儿子,前头还有三个姐姐和两个哥哥。大鹏这个名字是外公取的,他说外婆生小舅的那天,碰上那年冬天的第一场大雪。他觉得这是个好兆头,觉得小舅以后肯定会是所有孩子里最聪明的,他能走出这块黄土地,去更大的地方,光耀门楣,就像大鹏展翅,飞得高高的,轻轻一挥翅膀,就是十万八千里。但,我的大鹏舅舅却并没有遂了二老的心愿。

大鹏舅舅今年已经四十岁了。光棍,无业,居无定所。他是今年春节之后跟着我一起来A城的。我在这里的一家报社做编辑,而大鹏舅舅谋了一份快递的工作,开始挨家挨户地投递包裹。从小大鹏舅舅跟我的感情就很好，妈妈常说，第一个抱我的男人不是爸爸，而是小舅。大概就是从呱呱落地之时起就对他有了亲近感，所以打小我也只爱和小舅玩。记忆里，我总是跟在小舅的屁股后面，抓蛐蛐，斗公鸡，在他大大的手掌底下躲雨乘凉；也总是骑在小舅的脖子上逛早市，看大戏，过小河。小舅好高啊，越过他的脑袋，我似乎就可以俯瞰整个世界。我是骑在巨人小舅脖子上的小巨人，小舅是无所不能的。后来，渐渐长大了才发现，小舅其实一点都不高，一米六五的精瘦身形，像个女孩子。小舅也并不是无所不能的。相反，他会做的事情少得可怜。别人家的舅舅考上公务员了，他却在上班的时候砸烂了老板的手提电脑；别人家的舅舅娶媳妇了，他却讲究精神恋爱，自主婚配，从来不往家里带姑娘；别人家的舅舅做爸爸了，他却来去如风，嚷着祖国尚未统一，无心当爹。久而久之，在村子里他就出名啦。大家都喊他大鹏小少爷。我的大鹏舅舅四十岁了，还被大家唤作小少爷。

“你想给我找个什么样的舅妈？”过年的时候，我扒着碗里的饭，眯眼看他。

“这种东西我说了又不准，反正要找个我喜欢的，她也喜欢我的。”小舅乐呵呵地看着我，手下一刻不停地剥着盐水花生。

“哼。你倒是时髦得很。这里哪个不是先结的婚后谈的恋爱？哪个过得不好了？”我的妈妈言辞激烈，语气里的不满和轻蔑大家已经习以为常，而且也都觉得言之有理，小舅显得孤立无援。

“妈妈，也不能这样说，我也是要找个有感觉的结婚的。”

“你给我闭嘴，还嫌不够乱吗？”

母亲苛责的眼神让我闭了嘴。小舅却摸了摸我的脑袋：“果然是没白疼你，嘿嘿。”

“你少跟她说话，别把她带坏了。吃好了吗？”母亲转头看着我。

“饱了。”

“饱了就下桌去，别人还没位子呢。”

“哦。”我戚戚然地下了饭桌，将大鹏舅舅独自留在了那片暴风骤雨里。

大鹏舅舅砸掉老板的手提电脑的时候刚满二十二岁，还是个愣头青。大鹏舅舅在县城里的电脑市场做销售，因为他活泼诚恳又爱笑的个性，不到一年，就成了整个电脑城销售业绩最好的店员，那时候他还赢得了区域微笑天使的名号，还给我买了一部新式手机作礼物。就是那时候，他遇见了他的第一个女朋友。女朋友长得很美，白白净净的，一头长发，喜欢穿一件鹅黄色的绸缎长裙。那是大鹏舅舅的初恋，大鹏舅舅疼她疼得不行。有一天他接到了女朋友的电话，她生病了。大鹏舅舅火急火燎地跑去向老板请假，但那时正值销售的高峰期，老板让他过两小时再回去，这下大鹏舅舅可不干了。

“我必须回去，我女朋友生病了！”

“可以，过了这个高峰期就准你的假。”

“不行，我立刻马上就要回去！”

“我不准。你给我卖了这几台笔记本再走。”

说时迟那时快，大鹏舅舅抬手就将柜台前摆着的四台笔记本电脑砸到了地上。噼里啪啦，金属原件飞溅四方，引起一阵不小的骚动。

“瞧，卖完了。”

大鹏舅舅就这样“酷炫狂霸拽”地结束了他微笑天使的工作。

当然，你可能会问我，他的女朋友病得严重吗？我都不好意思告诉你，这四台笔记本电脑覆灭的原因是因为她一月一次的女人那点事儿。当然，大鹏舅舅的第一桶金，也用在了赔偿这四台笔记本电脑上。因为失去了工作，随之也就失去了他美丽的女朋友。后来相当长一段时间，大鹏舅舅都待在村子里务农，成为了外公家唯一滞留在祖宅的青壮年。

“你不害臊，我还害臊呢。”外婆看着正在浇菜园子的大鹏舅舅这样说。大鹏舅舅一边将粪便均匀地撒在白菜的根部，一边冲着外婆挤眉弄眼。

“别酸不溜秋的，老太婆。有我在家陪你们，不知道多高兴呢吧？嘴硬，淘气。”

每到这时候外婆总是会摇摇头，手里有什么就朝着小儿子的方向扔什么，嘴里一顿谩骂。

外公带着小舅出门采茶叶的时候，也会将帽檐压得低低的，一边催促着小舅，一边往自家山头疾走而去。小舅却正好相反，他会和经过的每一个老乡说话，田埂里插秧的，推犁的，放牛的，赶鸭子的，他都能叫得上名字。

“小少爷,去采茶叶啊？什么时候也来帮我们家采采吧？”

“好嘞，明天就来。”

“小少爷，我们插秧饭都没吃，你说可不可怜？”

“明天中饭包在我身上，我给你们送过来。”

你以为大鹏舅舅是说说的吗？他才不是呢，第二天他真的去人家山头给人家采茶叶去了，也真的做了满满一篮子好吃的，翻山越岭给别人送去了中饭。

“小舅啊，你是为了讨好他们吗？可他们私底下还是叫你小少爷啊？”我总会忍不住这样问他。

“讨好多难听，我是真的对他们好。小少爷不是蛮好？多年轻。”

大概，我的大鹏舅舅是个傻子吧，偶尔我会忍不住这样判断。

三

我现在正坐在我家楼下的沙县小吃店里,等着大鹏舅舅。从老家出来，我们也已经有半年未见了。远远地就看见大鹏舅舅雀跃的身影，走近了才发现，他今天和平时截然不同。一身笔挺的西装，理了发，连皮鞋都擦得锃亮。

“哟，今天有事？”

“废话，没事找你干吗。”小舅气喘吁吁地坐下来，点了一份葱油拌面。

“说了今天我请你吃饭，非要来这种地方吃葱油拌面。”

“你个小丫头，赚钱了了不起是吧？葱油拌面可不是随便哪里都有的。”大鹏舅舅拿起筷子,卷了一大口的面,送进嘴里。

“来找我有什么事？”

“带你去见你的小舅妈。”

“真的？怎么认识的，快和我说说。”

小舅放下筷子："我们是在相亲网站认识的，已经聊了快三个月了。"

"网恋啊？"

我的大鹏舅舅实在是太新潮了。

"你们见过面了吗？"

"还没呢，今天是第一次见面。"小舅看起来有些紧张。

"照片总有吧？拿来我看看。"

小舅从手机收藏夹里翻出一个姑娘的照片，照片有些模糊，但，看得出来是一个眉目清秀的女人。

"多大了啊她？"

"比我小五岁，是个寡妇，在C城，她很爱我的。"

"你们都没见过面，你怎么知道她爱你？"

"我们会打电话啊，一天要打好几个，她今天就要坐火车过来了，一会儿我们就去火车站接她。"

总感觉哪里怪怪的，不是吗？

"嗯，舅舅啊，你有没有给过她什么礼物，表达你对她的喜爱呢？"

"有啊，我给她寄过衣服，前段时间她的孩子生病，我给她汇了一点钱。"

哎，我可怜的大鹏舅舅大概是遇到骗子了吧。

吃完了葱油拌面，我还是被小舅拖着去了火车东站。我们肩并肩站在出口，小舅做了一块巨大的告示牌，上面写着他心爱的姑娘的名字。

车站里出来的人流就像潮水，挤得我和小舅步步后退。我抬头看了看小舅充满期待的侧脸，心里第一次替小舅感到难过。他瘦小的身体在人流的冲撞下左摇右摆，眼神却很笃定。姑娘的电话在一个小时前就无法接通了，我无法知道小舅现在心里在想什么。一列火车接着一列火车进站又离开，出站口的人流来了又去，间隔一段时间又重新聚集。我坐在马路的对面，望着小舅和他醒目的告示牌出现又淹没，淹没又出现，很快就到了晚间。

"小舅，我们走吧，她大概是不会来了。"

小舅举着告示牌的手在空中毫无意义地挥了挥，有那么一瞬间，我生怕他哭出来。但，小舅并没有。

"啊，原来是被骗了。"这是小舅长时间等待之后，说的第一句话。接着，他的第二句话，是这样的：

"呃，好像又饿了，我们再去吃一盘葱油拌面吧。"

小舅伸了伸懒腰，挪了挪酸麻的腿，将告示牌扛在自己的肩上，大摇大摆地走出了火车站。

看啊，现在扛着告示牌走在前头的小舅，看起来，好像一条狗啊。

这是个残忍的社会,对于人的判定只有成功同失败两种。名利双收、父慈子孝的自然是成功。而于社会于自然繁衍没有任何贡献的,未创造出价值的,就只能被烙上失败的印记。这样的社会尺度和道德规范,会杀死很多人。但,我的大鹏舅舅却是永远不会被这样的残暴杀死的人。

他的确是个无用的人,无法适应工作制度,无法适应婚姻,甚至无法承担所谓的家庭责任。可,这些并不妨碍小舅成为我艳羡的对象,甚至成为我的偶像。你被一块石头绊倒了,下次再看见石头的时候,就会绕道而行,因为你记得摔倒的疼痛。你看得见事情的边界,也知道制度就像激光射线,你走在它们中间的时候,最安全舒适,而靠近它、企图穿越它,就会被灼伤。而我的大鹏舅舅,摔倒之后,能忍受疼痛,他甚至凭借着一颗赤子之心,看不见这些条条框框的激光射线。在他的眼里,生活看起来没有边界,他在这个世界里,屡遭质疑,承受偏见,备受欺哄,却依旧呼吸舒畅,灵魂坦荡。

一碗三块钱的葱油拌面,就能变得饱饱的,就能重获新生。

赛螃蟹

每种相爱都值得被肯定

一

蒋函和朱冬的第一次见面，是在他们共同朋友的聚会上。他们俩是这些朋友里，唯一还单身的男人和女人。蒋函很清楚，大家一次次安排她同朱冬见面的原因是什么。一开始，朱冬并没有对蒋函留下什么太深刻的印象。他是那种很安静的男人。一堆朋友围坐在一起，他就蜷缩在他的角落里，陷在光影的暗处，不怎么搭话，会偶尔附和地笑一笑。而蒋函呢，也是那种有些认生的人，所以几次聚会下来，即使大家把他们放在一起，他们依旧没有怎么打量过彼此。

蒋函和朱冬熟悉起来是缘于一道叫作赛螃蟹的菜。

赛螃蟹其实并不是螃蟹，而是努力模仿蟹肉又努力超越蟹肉口感的菜。它就是鸡蛋。蒋函是在朱冬做赛螃蟹的时候，才得以认真地定下心来，观察这个男人。

那是朱冬组的饭局，蒋函姗姗来迟，饭桌上的菜肴所剩无几。

“哎呀，朱冬你看，蒋函来了都没东西吃了。”众人打趣。

“没关系，没关系，我随便扒两口饭就好了。”蒋函瞧见了朱冬的尴尬，忙不迭圆场。

朱冬却在这个时候忽然站了起来：“我去看看冰箱里还有什么，再给你做一点。”

朱冬难得一见的积极让蒋函有些诧异。

“只剩下鸡蛋了。”朱冬手里拿着三个鸡蛋冲着客厅的方向喊。

“你不是要煮鸡蛋给我们家蒋函吃吧？那她也太好养了。蒋函，我们不吃。”

蒋函坐在位子上哈哈笑，正要开口说话，却被朱冬抢了先，只见他扬了扬眉毛，用蒋函从没听过的调皮语气挑衅道：“我可以用它来做螃蟹，只做给蒋函吃，馋死你们。”

“这小子疯了。蒋函，你快去看看，别被他毒死了。”

“这道菜叫，赛螃蟹。”朱冬将鸡蛋敲破，用蛋壳娴熟地将蛋黄和蛋白分开来。接着倒油入锅，用小火加温，再将打散后的蛋黄平铺进锅里，轻轻翻炒至嫩黄色，不加任何调味料出锅，装盘。再用同样的方法将蛋清炒成石灰白色，接着投置在蛋黄之上。最后淋入白醋。看见成型的赛螃蟹，蒋函就忽然明白了这个名字的起因。那黄色的是蟹膏，那石灰白的部分是蟹肉。再伴随着微酸的口味，的确是和螃蟹有那么几分类似。

朱冬烹制赛螃蟹的动作是一气呵成的，就像每天都在做这道菜一样。他的神色很专注，嘴角微微上扬，眼神温和，纤长的手指在锅碗之间来回穿梭。那样子，真的很迷人。蒋函对这个男人，终于有了第一次的心动。

二

在吃了赛螃蟹之后，蒋函和朱冬的关系终于好像有了进展。朱冬请蒋函看电影，吃饭，喝咖啡，开车带着她兜风，看起来就和情侣一样。他们也不像初次认识的时候那样生疏了。他们的话题就像源源不绝的流水一样不停地淌出来。蒋函觉得她和朱冬只剩下将这层关系挑明之后确定下来而已了。接着，这个机会就来了。

这天，朱冬得了重感冒。蒋函提着粥来他家看他。这是蒋函第一次单独来到朱冬的家。站在门口的她有些慌张。她定了定神，按了门铃，裹着被子的朱冬前来开门。朱冬看起来有些憔悴，头发没精打采地耷拉着，双颊潮红，开口的声音也十分沙哑。

“你来啦，进来吧。”

蒋函脱了鞋，小心翼翼地跟在朱冬身后。裹着被子的朱冬的背影看起来有些滑稽，她不觉吃吃笑了起来。

“你笑什么？我都这副样子了，你还笑。”朱冬转过头来，一脸委屈。

“不笑了，我不笑了。来，给你带了粥。”

朱冬的神色一亮：“你特地给我煮的吗？”边说话边快速接过蒋函手里的保温盒。

“怎么可能，楼下买的。”蒋函翻了个白眼。

“还烫吗？”蒋函伸手摸了摸朱冬的额头。这样不经意的一个动作似乎吓了朱冬一跳，他有些痴傻地看着眼前的人，不由自主地抓住了蒋函放在他滚烫的额头之上的手。蒋函没有挣脱，也以同样的眼神回应着他。接着，朱冬的脸渐渐逼近，蒋函缓缓闭上眼睛。她感受到了朱冬薄薄的略微发颤的嘴唇，它蜻蜓点水似的抵在她的嘴唇上，像是定格一般，长久没有动静。蒋函有些狐疑地睁开眼睛，就看见了同样睁着眼睛的朱冬。那双眼睛离她那么近，眼睛里投映出的那个女人看起来陌生又熟悉。

“别把感冒传染给你了。”这时候朱冬放开怀抱着蒋函的手，撇开头去。

蒋函只是下意识地应了一声，也快速地转开了自己的脑袋。她听见自己的心跳得好剧烈，就像在敲鼓点。

从那之后，蒋函和朱冬的关系似乎比之前明朗了一些。朱冬会在众人面前拉起蒋函的手，也会揽着她的腰过马路。他们每周见一次面，每天都会发信息互通行踪。众人在一起的时候，他们不再显得形单影只，他们是看起来十分美满的情侣组合。是的，是看起来很美满的那种。

很多人都说喜欢一个人是没有理由的。因为如果有理由了，那么一旦这个理由消失了，你也有可能不再喜欢对方。但，很遗憾的一点是，喜欢上一个人，对某一个人产生情愫都是有理由的。蒋函第一次对朱冬心动是在他为她烹制赛螃蟹的时候。而朱冬呢？他究竟喜欢她什么？究竟在哪一刻对她有了感觉？这些都无证可考。他是对蒋函很好，但这样的好是点到为止的，是绅士的，甚至是疏离的。

“我们，并不亲密，无论是心还是身体，我们都很遥远。”蒋函曾不止一次地和闺密好友诉说她的困惑。

三

“你就是还没和他睡过，睡过就不会胡思乱想了。身体亲密之后，心也就亲密了。”好友是这样来告诉蒋函的。于是蒋函请朱冬来自己的家里做客。她换上了平日不怎么穿的蕾丝睡衣，将头发蓬松地斜在一边，抹上淡淡的玫瑰露，同朱冬喝着红酒，最后借着酒意躺进朱冬的怀里。

“朱冬，你好残忍。”蒋函幽幽地开口，仰着脑袋望着眼前的男人。

“蒋函，你喝醉了。”朱冬面色如常，依旧冷静而绅士。

“我是醉了，你怎么还那么清醒？”蒋函不由分说地用力按住朱冬的脑袋，吻了上去。

蒋函的吻同朱冬的吻截然不同，她努力撬开朱冬的牙齿，试图将自己整个人都融进朱冬的身体里。她贪婪地吻着，双手用力环抱着这个男人的脖子。朱冬的身子渐渐烫了起来。

“朱冬，我爱你。”蒋函附在他耳边说出了这句她从来没有说过的话。朱冬原本滚烫的身体骤然冷了下来。他一把推开身上的女人站了起来。蒋函满脸错愕地望着他。但见他脸色煞白，表情古怪，看起来痛苦极了。

“对不起。”

朱冬留下这三个字，就飞快地逃离了现场，只留下蒋涵这个施媚勾引不成显得极其失败的女人。

在那之后，朱冬消失了半月有余。蒋函没有试图寻找他，她觉得朱冬就此消失是件好事，起码没有人出现在她眼前，时刻提醒她自己献身失败的惨痛经历。但，朱冬最后还是出现了，他给她讲了他的故事。蒋函是唯一一个知道这个故事的人，以至于她没有办法不原谅这个男人。

朱冬说自己从小就是个很奇怪的孩子。在男孩子喜欢舞刀弄棒的年纪里，他喜欢玩过家家。在男孩子喜欢迷彩服的时候，他却分外羡慕母亲那一个大衣柜的像春天里的花朵一般美丽的长裙。后来他渐渐长大，在他的朋友们都在谈论隔壁班新转学来一个漂亮的女孩子的时候，他却对自己班里的体育委员，那个拥有健硕身姿的男孩子情有独钟。是的，朱冬告诉蒋函，他是一名同性恋者。他还没有对外公开，他没有这样的勇气。

朱冬在说这件事情的时候，整个人都在发抖，他说得很快，不带停顿，似乎他不这么快地说就会失去说出来的勇气。

“你很独立，又很开朗，而且似乎对感情这件事也没那么看重。所以，我想……”

“所以你想，我或许是个很好的结婚对象？不黏人，不折腾，看起来很好打发。”一开始的时候蒋函很生气，因为她意识到朱冬最初遇见她的时候，想要做一件什么事情。

朱冬在这个时候却哭了起来。

“你哭什么，不应该是受害者哭才对吗？弄得好像是我欺负了你一样。”

但，朱冬的哭泣却并没停止，原本蒋函是要哭的，可是眼瞧着跟前的男人哭得像个孩子，比她哭得惨烈多了，最后，竟然掉不出眼泪来了。

“你说，你爱我，”朱冬靠在蒋函的肩头，喃喃自语，“这句话让我忽然意识到自己有多卑鄙。”

蒋函没有说话，她只是任由朱冬那沉沉的脑袋靠在自己的肩膀上。

四

蒋函后来还同朱冬一起见了一个人。他叫卫理。是个看起来很腼腆的男孩子。他对海鲜过敏，当然，其中也包括螃蟹。

在这个世上，所有的感情模式，都是值得被肯定的。无论爱上了谁，或者同谁相爱——你爱上的是你的同类项也好，异类也好，又或者是一只动物，甚至是一架会发光的摩天轮。因为心的指引别无选择，也不是依靠任何药物可以扭转的。再往深里说，在爱情关系里，付出的情感、经历的喜怒哀乐都是一样的。它们一样深刻，并不会因为对象的改变而有损分毫。当代著名戏剧家阿尔比曾经写过一个故事，它叫作“山羊或谁是西尔维娅”。这个剧本里的男主角马丁爱上了一头叫作西尔维娅的母山羊。他为它深深地着迷，他甚至同它发生了性关系。他对山羊的感情遭到了妻子、孩子以及挚友激烈的反对与厌恶，最终妻子将山羊杀死，而这个家庭也以破裂收了场。在这个故事里，有一段马丁同妻子的对话：

马丁：一个灵魂！！你不知道这区别吗？不是一个阴道，是一个灵魂！！

斯蒂薇：你无法操一个灵魂。

马丁：不，这与性交无关。

斯蒂薇：有关！！

马丁：不，不，斯蒂薇，它与性交无关。

斯蒂薇：是的！它与性交有关！同你成为一头动物有关！

马丁：我想是的。

斯蒂薇：哼！

马丁：我想我是的，我想我们都是……动物。

是的，我想，我们，都是，动物。

龙谷丽人

破戒之后再受戒

一

比起喝茶，决明更喜欢喝白水。

师父总和他说起茶的妙处，和他说起，一撮茶叶，在适当的水温里，被浸润出茶香，喝一口，满嘴噙着这样的余味，过喉温润，涩中带甜。“就像酒。”师父说到兴头上就会向决明这样解释。这时候，决明就更不明白了。酒，这个东西，他从小就没碰过，把酒和茶相比较的师父，让决明哭笑不得。

师父在后山的自家园子里，培植了他先前云游带回来的浙南名茶，龙谷丽人。师父说，这是他在浙南的一个叫作丽水的地方找到的。当地的茶农依靠它来维持生计，一斤生茶六块钱地卖，而制作好的茶叶，销售出去却可以卖到一两好几百。师父求得几棵茶苗，将它们移植到这里。他悉心地照顾它们，而它们也长得很好。

决明和师父一起吃过开春的新茶。比起味道，决明更在意它的外观。晒干翻炒之后的龙谷丽人看起来和一般的茶叶没有什么区别，它们蜷缩在一起，暗哑的绿色，看起来让人毫无食欲。师父丢几颗茶叶入杯，配以八分开的热水，茶叶遇水，在青瓷杯里滚动，慢慢舒展开来，暗哑的绿色渐渐透出了水，变得青翠，像是重新获得了生命。接着，它们在水里一根又一根地立了起来，就像生长在水面的新芽。决明看着杯子里发生的一切，惊得无法言语。师父说，从栽种茶树，到制作茶叶，再到泡茶，这一道又一道的工序才是茶的魅力所在。这样的魅力，足以抢掉最后送入嘴里的那股子茶香。

再过半年，也就是过完端午，决明二十岁的生日就要到了。作为最好的生日礼物，师父答应决明，他将在那一天为他举行传戒之礼。从很小的时候开始，决明就一直期盼这一天。他曾经偷偷看过他的师兄们受戒，他们穿着崭新的僧袍，依次走进明亮的大殿，师父手持一根清香，在双手合十的师兄们的头顶烫上香疤。师兄们表情庄重安详，和大殿上的佛祖一样带着超越人间的微笑。似乎那滚烫的香只是亲吻了他们的头顶，他们感受不到一丝疼痛。带着被亲吻之后巨大的幸福感，他们真正地皈依了佛门。

决明从小就生长在这间寺庙里，他被自己的父母留在了寺庙的门口。他不知道他们为什么不要他，但，师父说他们肯定另有苦衷，他要他不要记恨他们。因为给予了他生命，就是最大的好。而这样的好，抵过所有的不好。决明觉得师父说得很对，所以，他从未恨过他们，也从未想过寻找他们，就像他从未想过离开这座寺庙。

决明的学习成绩很好，在大学修了佛学与哲学双学士之后，还打算继续进行研究生的深造。师父对于他的选择一直以来抱着尊重的态度。但，决明这种一心向佛的状态，还是让他很感动。

二

等到龙谷丽人再一次成熟，已经又是初夏时节。这天，决明和师父正在一起忙着采摘刚刚抽出新芽的茶叶，山寺里却迎来了一位让整个世界都安静了的女施主。决明不知道这样一种世界忽然静默无声的感觉是不是只是他一人的错觉，反正看见这位女施主的时候，他的世界就变成了一出安静的默剧。

女施主虽然看起来年纪并不大，三十左右，但和师父似乎是旧相识了。她来的时候，穿了一身黑色的长裙，头上罩着黑色的头纱，一朵白色的山茶花插在发鬓，这是她全身唯一的装饰。她怀抱着一个黑陶罐，决明知道那是骨灰盒。师父请她在亭子里坐下，决明进屋泡了茶。决明将龙谷丽人递到女施主跟前，她轻轻说了一句谢谢，声音温柔轻巧，有勉强而出的力量感。决明心里不知道为什么，竟然微颤了一下，他原本打算张口说句不客气，却因为紧张而将声音卡在了喉咙里。幸好，并没有人注意到决明的窘迫。

“这几天都没睡好吧，看你脸色很差。”师父瞧着对面脸色苍白的女子开了口。

“是啊，根本没怎么睡，老何的朋友太多，来来回回的人就没有断过。”女子摘掉黑纱帽，露出整张脸来。眉眼娟秀，淡淡的素妆，竟比实际年龄看起来还要年轻一些。

“你把老何火化，他们家人没有意见吗？”

女子伸手摸了摸骨灰盒，眼神温柔：“怎么会没有意见，都闹翻天了。指着我的鼻子骂，说我这个狐狸精，克死了老何，还要将他挫骨扬灰。”

决明注意到师父的眼里闪过一丝怜悯：“你可以让他们来找我，我可以证明，这是老何的心愿。”

那女子听到这里，笑了笑，嘴角的梨涡很深：“不用了，反正‘狐狸精’的名号我也是当定了，多一项罪名也没多打紧。”

“你想把他葬在哪儿？”

女子环顾了一下这片茶园，随即站了起来：“就撒在这片茶园里做肥料吧，这才是真正意义上的挫骨扬灰。”说完这句，她端起茶杯，一饮而尽，扬了扬手，头也没回地离开了。

决明后来知道，她叫蓝洁，一个月前刚刚丧偶。那骨灰盒里的就是比她年长二十岁的丈夫。蓝洁嫁给他的时候刚过二十四岁，一起生活了八年，他死的时候，蓝洁正好三十二岁。蓝洁的丈夫是师父的挚友，师父甚至是他们俩的证婚人。

从那之后，决明几乎每周都能看见蓝洁。她每个星期天都会来山寺后面的这片茶园，有时候是来找师父下棋，有时候是来喝茶，有时候只是看着满眼的山茶树发呆，坐上一会儿就离开。师父若不在，她也会和决明说说话，问问他的年纪、学业、对未来的打算。决明回得很小心，生怕自己说出什么幼稚的话，惹来蓝洁的轻看。

端午前的最后一个周末，一直在下大雨，山门前的路因为泥石流被毁坏得很厉害，决明有些失望，因为周一他就要求受戒礼了，他原本想告诉蓝洁的，当然，前提是今天她还会和从前一样如期而至。

接近傍晚的时候，蓝洁踩着熟悉的步子来到茶园。决明已经早早地泡好了茶。对于这个小男孩无缘无故的热情，蓝洁并没有多大的反感。

“师父不在？”蓝洁脱掉外套，露出里头鲜嫩的橘色短裙，颜色那么鲜亮，这几乎让决明睁不开眼睛。

“师父下山去准备明天传戒的东西了，估计要很晚回来。”

“对哦，明天是你受戒的日子，恭喜。”蓝洁喝了一口手里的茶，微微皱了皱眉，“可惜你师父不在，今天可是个大日子，”说着就从自己的包里拿出一小瓶梅子酒，在决明眼前晃了晃，“今天是我和老何的结婚纪念日，你师父不在，要不你来和我小酌小酌。”

外头的雨下得很大，雨水顺着亭子的吊檐淌到决明和蓝洁的脚边，溅到他们的小腿上，凉凉的。决明和蓝洁面对面坐着，中间隔着四角方桌，蓝洁自饮自酌着梅子酒，决明的跟前摆着茶香袅袅的龙谷丽人，他低垂着眼睛，偶尔喝一口茶，偶尔抬头迅速扫一眼跟前的女子。没有人在说话。

“你为什么不问我，不像其他人一样问我？”一整瓶梅子酒已经见了底，蓝洁似乎有了些许醉意。

“问你什么？”

“问我，我喜不喜欢老何，问我和老何的钱比起来，有多喜欢老何？”蓝洁咯咯笑着，将杯子里的酒仰头灌下。

“我不用问，也知道。”决明此时终于抬头看着蓝洁，目光不再试图躲闪。

“你这个小和尚，知道什么，你知道。”蓝洁揉了揉自己的太阳穴，用右手托着自己越来越重的脑袋，只觉得对面的人好生有趣。

“我知道你很喜欢老何，有多喜欢老何的钱，就有多喜欢老何。他们不知道，是因为他们根本不在意，根本就没有仔细看过你们，他们只是凭着直觉在武断地下判断。为什么要在意这些完全不在意你们的人的看法？你喜欢老何和喜欢钱之间并不矛盾，不是吗？”

蓝洁觉得她似乎被眼前这个小和尚感动了，她竟然觉得这是自从老何过世之后，她听到过的最贴心贴肺的话。这样掷地有声的劝慰，出自一个涉世未深的孩子的嘴，而他或许都不知道爱情是什么，她觉得这充满了讽刺。

“臭小子，你知道什么，你喜欢过谁吗？你知道女人的滋味吗？你知道被阉割的快感吗？你了解我吗？我喜欢钱，喜欢得不得了，为了钱，我才嫁给老何，你的那双狗崽子一样的眼睛，懂个屁！”决明猛地从位子上站起来，他越过四角方桌，一把抓住泪眼朦胧的蓝洁的脖子，将她整个人从座位上拽了起来。

决明躬身向前，吻上了她喋喋不休的嘴。

三

龙谷丽人在制作的时候，需要经过许多道的工序，春天栽种，施肥，杀虫，剪枝。夏初抽新芽，尽快采摘。然后晒干，用大锅过火，徒手翻炒，收纳上瓶。最后才是遇水成茶。有人迷恋茶道，有人喜欢品茶，而师父却醉心于种茶。师父总对决明说，茶的魅力在于一道又一道的工序，栽种的过程，制作的过程，泡制的过程，和这些过程相比，茶真正的味道就显得并没有那么重要了。最终的结果和过程比起来，总是无足轻重的。

决明觉得在自己来到人间的最初二十年里，他有四个人需要感谢。他们分别是给了他生命的父母，虽然他们将他遗弃在了山寺；然后是养育他的师父，虽然他最终没有成为这所寺庙的接管人；还有就是那个让世界变得出奇安静的叫作蓝洁的新寡，虽然她骂他是狗崽子，并且在他离开寺庙后，他们再也不曾见过彼此。但，他们每个人都让他变得更加完整。

师父在他提出解除传戒礼的时候，并没有大发雷霆，而只是摸了摸他的脑袋，对他说了一句："做得很好。"然后告诉他，茶的好味道和酒一样，喝得了好酒也就品得出好茶，师父就是这样一步一步走过来的。

其实，人都是这样一步步走过来的。你必须体验过伤心，才会明白快乐；你必须见过丑恶，才可以分辨出美好；你必须去过最热闹的城市，才能在清简的禅房安然度日；你必须刻骨铭心地爱过什么人，懂得生离死别和细水长流不分伯仲，才能真正平静地和这个世界道别。

出世的意思其实有两层，第一层是入世，第二层才是出世。很多可怜之人的误区在于，以为自己看淡生死，看穿情爱，凌驾在所有的情绪之上，像个高手。其实是什么呢？其实只是生活平淡如水，毫无波澜，失去了体验起伏生活的能力，其实只是根本无法感知它们，全凭理论与意淫度日，其实只是选择了最安稳的方式和步调逃避，却因为这样的自欺欺人而沾沾自喜。而那些真正拥有智慧的人呢？必然是在痛苦的土壤里开出花朵来的人。他们必然曾经热烈地投身于生活，然后浅淡地转身。

所以，决明决定首先要大踏步地走出山寺的大门。

破戒之后再受戒，才有重新回来的可能。

一个苹果和半个梨

主动选择死亡的人是勇敢的

一

孟佳将脸贴在门边，听着雷鸣的脚步渐行渐远，车库的门开了又关，院子里重新变得安静。屋里的女人在确定不会有人重新折返回来之后，轻轻反锁上了门。锅里是昨天雷鸣的母亲为她准备的鲫鱼汤，她的奶水一直不多，这一年里，孩子的母乳时有时无，婆婆和雷鸣都很担心，但是他们的孩子却以异乎寻常的速度健康地成长着。孟佳打开锅盖，看也没看里面的东西，就一股脑儿地倒进了垃圾袋。她转过身，从冰箱里拿出一个苹果，清脆地咬起来。都做好了要离开的决定，为什么又要填饱肚子？孟佳觉得自己现在吃苹果的行为有些莫名其妙，不过她还是很快解决了手里的红富士，转而又去拿了一个梨，但，这个梨实在挑得太大个了，她吃了半个就随手摆在了桌上。

孟佳下了楼，从仓库里拎出前几天去市场买的煤炭，足足有两斤重。黑色的煤炭被放在米色的麻袋里，被孟佳单手轻巧地拎上了楼。卧室里很凌乱，门口堆积着她和雷鸣前几天换下来的衣裤，烟蒂被扔得到处都是，因为一整晚没有开窗，里头有一股刺鼻的霉味，床上的被褥也保持他们刚刚起床的原貌，胡乱地耷拉在一起。孟佳放下麻布袋，穿好卫衣，开始认真地打扫房间。

首先是擦桌子。将抹布浸湿拧到七分干，桌椅，梳妆台，台面上的台灯、灯罩、灯泡、手柄一一擦拭一遍。接着是玻璃窗，最后是地板，用扫把扫一遍，拖把拖一遍，再跪下来用干净的抹布一寸一寸地擦。孟佳趴在那里，膝盖和手肘撑着冰凉的花岗岩，按照地砖的分割线，一块一块一个不落地细细擦拭，等到她站起来，膝盖已经跪出了淤青。接着她收起散落在地上的书，抱着它们来到书房。她将书一本又一本按照分类、大小、顺序一一放好，又仔仔细细检查了一遍它们的出版年份，将所有的书按照年份重新排了一遍。最后，她回到卧室，从衣帽间里将她的衣服全部搬了出来。春天的皮衣，衬衫；夏天的长裙，热裤，吊带，帽子；秋天的披肩，牛仔裤，风衣；冬天的大衣，围巾，羽绒服，连裤袜……她没有想到她的衣服有那么多，几乎占据了这个硕大的卧室一半的空间。于是她开始耐心地将它们分类折叠。大约花了一个小时的时间，终于收拾完毕。孟佳微笑地看着它们被整整齐齐地堆放在角落里，只占据了一小块空间，忽然明白过来，其实她在这里并没有占到多大的分量。这让她心里轻松了不少。

做好这些事后，已经过去了一个半天，她的汗水涔涔往下淌。自从从舞团辞职之后，这两年的时间，她几乎都快忘记了气喘吁吁的感觉、大汗淋漓的滋味。她躺倒在自己的床上，抬眼望着天花板，大口大口喘着粗气。白色墙壁上嵌着的巨大的照片夺取了她的注意。雷鸣，她能够很容易地认出来。三年的时间，自己的丈夫其实并没有多大的变化。他依然是当年那个清秀的男人，笑起来温暖沉默，对孟佳百依百顺。但那个男人身旁的女人，是自己吗？孟佳静静地打量着那个女人，觉得恍如隔世。那是她没错啊，高挑的身形，洁白的肌肤，纤瘦的腰身，眼里清清亮亮，笑容灿烂。那是她自己没错吗？孟佳伸手抚摸着身上赘肉横生的肚子，干瘪的没有了弹性的乳房，还有大腿内侧毫无肌肉感的腿，发出了无声的轻笑。

在孟佳还很小的时候，只要一听到音乐，无论是怎样的类型，她的双脚就会情不自禁地跳动，她的身体就会伴随着鼓点轻轻摆动。这是她同别人不一样的地方，这是她同舞蹈的天生的缘分。从四岁开始就学习古典舞，到二十岁的时候，孟佳已经是舞团里最惹眼的绝对主角。舞蹈对于她而言是什么呢，如果食物和水是生活的必需品，那么在孟佳的概念里，在人生仅有的几件必需品里，还要加上舞蹈。当然，那个时候的她，还不知道有一样东西超越了这些必需品，它叫作爱情。那是一种可以让人废寝忘食的，超越生存之上的绝妙的体验。是的，因为这件神奇的东西，她放弃了她生活的必需品，成为了照片上这个带给她爱情体验的男人的妻子。

二

可能是因为太累了，孟佳竟然在床上睡着了。醒过来的时候，外头的天已经有些暗了。不过她并不着急，因为她知道，雷鸣今天不会回来。公司派遣他出差一周，这一周里，不会有人来看自己。孟佳晃晃悠悠地坐起来，目光重新落到那个放着煤炭的麻袋上。她站起来，从浴室里拿出一个铜盆，用棉花点了火，接着将煤炭一个一个地投进去。煤炭并没有那么容易点燃，但孟佳有足够多的时间和耐心。她蹲在地上，用蒲扇轻轻扇着它们，一个红了，然后是第二个，接着是第三个，最后变成了红彤彤的一团火焰，像春日里绽开的花朵，除了温暖，看上去还特别地耀眼美丽。

孟佳将适才开启的窗户一扇一扇地关上，然后是书房的门，浴室的门，最后是卧室的门。接着她脱下卫衣，摘掉塑身腰封，将适才挑选好的一套白色的礼服穿在了身上。这是她的演出服，那时候她刚被选为舞团的领舞，她就是穿着这身衣服跳了一曲扇舞，博得了满堂彩。不过，这套白色的礼服因为时间的缘故，已经有些泛黄了。孟佳现在有些臃肿的身材穿上它之后，越发尴尬。肩膀变紧了，袖子部分被她的肉撑得足以看见针脚。当然，最明显还是屁股：现在，孟佳的屁股又大又塌，完全无法衬托出礼服的优雅。生产近乎毁掉了她原本轻便的身体。孟佳站在镜子前，有些幽怨地这样想着。

铜盆里的煤炭发出噼啪声响，孟佳走过去，从麻袋里拣出几个，重新投入，接着在梳妆台前坐了下来。她将化妆盒打开，娴熟地开始上妆。轻轻拍上化妆水、保湿乳液，用粉饼打上粉底，用眉笔画眉，抹上腮红，接着是描眼线。孟佳的眼睛很大，以前雷鸣总说她的眼睛很美，像小猫一样。孟佳觉得，现在的自己，只有这双眼睛依旧还是美的，大而圆，唯一的缺陷是没有了昔日的光彩。昔日那个站在舞台上眉目魅惑的女子应有的光彩。她想到这里，转开眼线笔，沾取了一点颜色，开始沿着自己眼睛的纹路，小心翼翼地描绘。手忽然开始有了轻微的抖动，黑色的油彩被拉出一条长短不一的虚线，孟佳放下笔，去拿手边的棉签。棉签被她抓在手里，又轻轻地掉落。孟佳试图伸手再去拿，却发现棉签不知何时变得异常沉重。她勉强抓住它，却无法将它拿离桌面。棉签怎么会变得这么重？孟佳想了好久。此时，铜盆里的煤炭再次发出爆裂的声响，孟佳像终于明白什么一样，不再试图去拿棉签。

她缓缓地站起来，想要用最后一点力气走到床边，却就近瘫倒在了床沿。

身体忽然变得很轻，她觉得她好像是在飞。她轻飘飘地悬浮在半空，低头就可以俯瞰到那个瘫倒在地上的女子，穿着发黄的白色礼服，披散着长发，呼吸微弱。不知道花了多长时间，孟佳才明白过来底下的那个女人就是自己。原来，那些关于死亡的话都是真的。原来你真的会在这样的一个时刻离开自己沉重的身体。对，她的身体对她来说是那么地沉重臃肿。她真的在最后的时刻，心满意足地离开了她厌恶的身体。没有疼痛，没有窒息，没有恐惧，就像个虚幻的梦境。

最后停留在孟佳眼里的只有那盆依旧在熊熊燃烧的炭火，她选择了一个如此舒适的方式死亡，她为此深感庆幸。

三

死亡，恐怖吗？我想应该是恐怖的吧。但，最恐怖的应该是濒临死亡。你知道它要来了，而你对此无能为力。当然，我们从出生开始，就要面临死亡，只是小的时候，这个词离我们很遥远。遥远到根本不会在脑海里想起。然后慢慢地长大，越长大，这个词就离我们越近，渐渐地它变得越来越恐怖，因为逐渐被提上了议事日程。想来，或许，孩子才是这个世界上最勇敢的一群人，他们才不会管死亡这个东西，他们只要快乐。当然，还有一群人，同样很勇敢。那就是主动选择死亡的人。

以前看文章，常常看到这样的话：死亡是软弱的人的选择，他们残暴地对待自己的身体，他们不值得被铭记。真的是这样的吗？或许是的。他们太脆弱了，脆弱到无法面对自己想要的世界同这个现实世界的差距。但，他们从来没有残暴地对待自己。相反地，他们是比我们还要更爱自己的一群人。因为太爱自己了，无法让自己在糟糕的状态下，在不好的世界里生活，所以，他们要带上这样的自己远远离开，用死亡将自己同“不好“之间隔开一条宽广的河流。

哥哥从文华酒店纵身跳下来的时候是这样想的；三毛将丝袜缠在自己脖子上的时候是这样想的；梵·高用左轮手枪

抵住身侧的时候是这样想的；阮玲玉吞下三瓶安眠药的时候是这样想的；孟佳清脆地吃完一整个苹果和半个梨的时候，也是这样想的。

这个世界我已不爱，我只想保留自己依旧残存的对这个世界仅有的美好记忆和自己仅剩的一点清醒与骄傲：哪怕是几根抽过的香烟，几张泛白的和爱人的合影，几朵没人欣赏的妖艳的向日葵，几部闪着斑点带着夹帧的无声电影，甚至是一件布满霉斑的泛黄白色礼服。我只想带着它们，静静地，或者暴烈地，离开。

嗯，雷鸣要出差一个星期，所以，这个星期里，不会有人来看自己。孟佳平静地这样想。

嫁接的樱桃

樱桃长大了，我们给了它性别

一

张丽的人生有三件值得骄傲的事情，第一件是对她百依百顺的丈夫唐明，第二件是她正在攻读博士学位的女儿唐尧，还有一件，是她亲自打理的这个自家庭院。说起她家的庭院，在这个二线城市里可以称得上是远近闻名。张丽家的深红色檀木门一打开，这个足有三十平方米的庭院就展现在眼前了。现在正是茉莉开的时节，花圃外围栽种的一整圈茉莉正在繁茂地开着，白色的花骨朵簇簇拥拥，推推搡搡地挤在一起，散发出浓郁的花香。在张丽的家里，四季不乏的就是花香，冬季有腊梅，春季有桃花，夏季有芙蓉，秋季有月桂。当然，这个庭院里不止有花，也有果子和蔬菜。香梨，冬枣，番茄，胡萝卜。张丽花了近乎家庭生活的一半时间来打理这个院子，她希望这里就像一个充满生活趣味的地方，当然，事实也的确如此。不过在这数十种植物里，有一样是他们全家的最爱，那就是栽种在院子中心的这一棵樱桃树。

这棵樱桃树是在两年前用樱花树嫁接的。张丽的嫁接技术很好，樱桃已经结过两次果实，这一次已经是它的第三次成熟。红彤彤的樱桃像是珠串一样，垂坠地挂着，在绿莹莹的枝叶之间，摇摇摆摆，似乎随时都会掉下来。当然，张丽对它青睐还有一个重要原因，那就是每到他们家樱桃成熟的时候，就是唐尧放暑假的日子。她会在女儿回来的前一天，挑出特别好的樱桃剪下来，放进冰箱保存着。这样，唐尧只要一跨进家门，就可以吃到冰爽可口的大樱桃了。

“尧尧，吃完饭陪妈妈去送樱桃吧。”

唐尧每次回家，必有的一个家庭活动就是陪着母亲去邻里朋友家送樱桃。唐尧是那种所有人看一眼就会喜欢的女孩子。长长的黑发，大大的眼睛，白皙的皮肤，纤细的身形，淑女得体的衣着，当然还有乖巧的微笑。张丽觉得唐尧就像自己悉心栽培下成长得很好的一株香草，娉婷地长大，足以让她这个母亲得到更多的艳羡和赞美。所以，她喜欢带着她走街串巷，也喜欢将她带到自己的朋友面前。她们异口同声地夸赞唐尧，这让她觉得一直以来生活都过得十分有意义。

不过，现在，张丽也觉察出了一些不好的东西来。唐尧已经到了二十八岁的年纪，在这个地方，二十八岁的女孩还没有出嫁的已经不多了。对于一个女人来说，无论她多美多出色，接近三十岁的时候，依旧无人认领的话，就会成为一件最不光彩的事。而，这样的羞耻感，在这次送樱桃的过程里，一直持续着。张丽发现，虽然大家依旧是在夸赞着唐尧的美丽与能干，眼神里却总是透露出一些窃喜与忧虑。这样既高兴又怜悯的古怪表情，让张丽决定，以后再也不送樱桃给她们吃了。

二

回家的路上，张丽和唐尧谁也没有说话，街灯昏暗，一旁黑黝黝的山峦静默无声，只有风吹过的时候，能够听见树叶摇动的沙沙声。张丽一手拿着空木桶，另一只手被唐尧轻轻地挽着，她忍不住转过脸，开始细细地打量起自己的女儿。

唐尧的眼睛像爸爸，嘴巴、鼻子，包括沉默起来的神情都和张丽很像。她从小就很乖，不爱发脾气，待人接物也很温和，喜欢读书，成绩也一直名列前茅，依靠奖学金一路读到博士，几乎没有花过家里一分钱。当然，从小到大也受到过许多男孩子追求，却一直以学业为重，早恋这种事情，张丽也从未担心过。但是，现在，说实话，她是有些担心的。一直不曾让家人操过心的小孩，却在年近三十的时候，让他们忐忑不安。张丽觉得，这可能也算得上是一种命运的公平吧。

"尧尧，上回妈妈和你说的那个男孩子，你们有联系吗？"

"吃过几次饭，后来也没什么联系了。"

沉默。

"妈妈，我有事和您说。"

"什么事呀？"张丽觉得唐尧的语气不一般。

唐尧停下了脚步，将张丽手里的空桶放到地上，抬头望着有些迷惑的母亲，深吸了口气：

"如果，我是说如果，我无法像你希望的那样为人妻为人母，您会怎么样？"

张丽觉得站在对面拉着自己手的唐尧正在发抖，她其实并不十分明白刚刚唐尧说了什么，只能跟随着本能来发问：

"什么意思，妈妈没有明白。"

"妈妈，我是一个同性恋。我无法喜欢男孩子，尽管我已经很努力地在尝试，但，真的没有办法。"唐尧说完这句话，就哭了出来，她哭得很隐忍，声音轻轻的，就像她平时温柔的性格。

同性恋，那是什么？张丽呆呆地站在原地。这个词那么陌生，那么新潮，是她的年代里从来没有出现过的词。这个如此新式的词，为什么会从自己眼里那么温顺的女儿的嘴里蹦出来，她实在无法理解。她刚刚说什么？她说，她不喜欢男孩子，她是个同性恋，她没办法结婚，她也不会和男人生孩子。她是这么说的，张丽觉得自己并没有理解错。她猛地从地上拿起木桶，一下就砸在了唐尧的身上。唐尧吃痛，闷哼一声，坐倒在地。木桶滴溜溜地往外滚，从马路一边滚到另一边，滚进草坪，受到摩擦，继而停下。

“你在说什么，究竟？”

张丽努力压抑着胸口澎湃的情绪，她觉得她紧张得快吐了，她急切地需要自己的女儿说点什么好让她冷静下来。她希望听见唐尧的解释，希望唐尧告诉她，同性恋这个词，还有不一样的解释。可是，女儿接下来说的话，就像点燃火药的打火石，她告诉自己，她生了一个怪物出来。

“妈妈，我知道，现在说什么都没办法让你冷静下来，妈妈，你要相信我，我真的为了自己能够变得和别人一样，很努力很努力过。这样的努力，并不是你们能够想象的。每一次和男孩子吃饭、牵手、接吻都让我浑身难受，我……”

“不要说了，我不要听，我他妈不要听，你给我闭嘴！”张丽抡起胳膊,猛地扇了唐尧一个巴掌,清脆的巴掌形成回响,也清脆地打在了张丽的脸上。“你肯定是疯了,肯定是疯了!”张丽不断地狠狠地用双手打着唐尧的脑袋,肩膀,以及瘦削的背。坐在地上的唐尧既不躲闪也不吭声,静默无言,像个雕塑。

“你怎么可以这么对我?!我究竟做错了什么,你要这么对我!啊,唐尧,我问你,究竟为什么你要这样?!”

张丽的声音从最初的质问变成了歇斯底里的咆哮,她不知道自己以这样的状态癫狂了多久。直到她觉得浑身没了半点气力,最终才瘫坐在了唐尧的对面。

三

忽明忽暗的路灯底下,这一对精疲力尽的母女,相对无言,谁也没有和谁说话,只能听见彼此的喘息声,掺杂着几声啜泣。母亲因为这惊天的消息而备受打击,这超出了她的想象,甚至超出了她对世界的理解。而女儿呢,她在为她自己哭泣,她不知道她这样做究竟是对是错,她理解母亲的愤怒,可又对这样的愤怒无能为力。她无法做到背离自己的身心,她无法如此残忍地对待自己,即使她知道,她的选择也许会让别人以更加残忍的方式对待她。可是,她无能为力。

无能为力，是这个世界上最可怕的四个字。它意味着无论你拥有多大的自由与主观能动性，在面对某些事情的时候，依旧只能摊开双手，认命地等待着它的降临。这个世界上，有很多事情是无能为力的。比如你出生在怎样的家庭，拥有怎样的父母，你什么时候死；还比如始终不爱你的人，去了远方的亲人，别人对你的嫉妒与愤怒。还有唐尧的这件事，她是个喜欢女人的女人；还有张丽的这件事，她有一个不喜欢男人的女儿，她永远也看不到她美满的婚姻。

英国有一位备受争议的女作家，叫作珍妮特·温特森，她备受争议的原因，一是她奇幻风格的作品，二是她的性取向问题。1978 年，她和一个女孩相爱，从她虔诚的基督徒家庭生活里逃离出来，在当时的背景下，这是一件十分反叛，并不被社会接纳的事情。她写的作品有很多，给我印象最深的是一部叫作“给樱桃以性别”的小说。里面有一段点题之语，是这样的：

“嫁接就是将一种柔嫩或者不确定的植物，融进同一科目的另一种更为坚强的植物上。这样生长出来的果实能抵御疾病，将会在以前不能生长的地方生长。让世界以自己的意志交配吧，母亲说，否则就什么也不要做了。可是，樱桃还是长大了，我们给了樱桃以性别，它是雌性的。”

嫁接的樱桃，究竟应该算雌性的还是雄性的，你有没有想过这个问题？因为最终，它也结出了同样殷实的果实，甚至比一般的樱桃还要好。所以，或许它是雌性的，也是雄性的。它变成了既是父亲又是母亲的角色。因为它结出了更加坚实的果实。这样的果实勇于承认自己的特殊性，愿意承担命运的不公正，不想欺骗一个无辜的人，带他走进假模假样的婚姻生活。它足以抵抗更暴烈的风霜雪雨，所以，某种意义上来说，它变成了集合父亲与母亲优良特质的结合体，它成为比他们都要更勇敢、更坚强的人。

唐尧结束休假的时候，并没有同母亲告别。母亲将自己锁在房内，闭门不见。

“她太伤心了。”父亲对唐尧这样说道。

“那您呢？”唐尧有些气馁地站在门口。

“我只希望你们两个都能不伤心。现在看来，很难两全。”父亲捏了捏唐尧的手，就像她每一次离家的时候。

有些事情，有些隔阂，在当时，乃至那之后的相当长一段时间里，都无法得到接纳与谅解，甚至无法得到比较公平的眼光，可是，我们总要给它时间与信心。当人们变得更加智慧与明朗的时候，当这个世界变得更具包容性的时候，他们便会愿意相信，橘子不是唯一的水果，樱桃也不会只有一种性别。

无花果

我偏爱不开花的叶子胜过不长叶子的花

一

记得年纪很小的时候，妈妈爸爸只给我每天五毛的零花钱。五毛钱被很好地规划着来花，一毛钱用来买话梅糖，两毛钱用来买小矮人冰棒，剩下的两毛钱就用来买做成零嘴的无花果肉。被切成条状的无花果肉被塞在白色的小塑料瓶子里，就像个小药罐。口感是酸酸甜甜的，白色的霜糖偶尔会粘在嘴唇上，吃光了舔一舔，那可口的后劲还能撑完回家的那条羊肠小道。两毛钱就能吃到的无花果究竟是不是真的，至今我也不知道。但，还是愿意相信，不开花只结果的，名字听起来特别浪漫又悲伤的植物，只要两毛钱就可以送进嘴里。

妈妈那天打电话来，语气一如往常地沉重。先是说着谁家的女儿生了孩子，谁家的儿子娶了亲，谁家的老人死了，谁家的婚礼奢靡，谁家的洋房宽敞明亮，接着所有的话题都归结到一个点上，什么样的年纪要做什么样的事，错过了婚嫁最好年纪的我，成了母亲同父亲的心病。

“谈恋爱有那么难吗？”母亲在挂电话之前，期期艾艾地问。

谈恋爱，有那么难吗？我并没有正面回答母亲的问题，只是在挂完电话之后，好一会儿没有回过神来。

二

“恋爱，有那么难吗？”

“恋爱，当然难。起码对我来说是的。”世英坐在我的对面，一边啪嗒啪嗒打着报表，一边以平静快速的语调同我聊着天。

世英是我的发小，我们是小学同学，她无论在学业上、事业上都一路领先，是我们一群人里的领头羊。她是那种可以一心多用的人，一路保送着从高等学府毕业，被甄选进了一家国际知名的电子产业公司。她为什么会“剩”下来，我想主要原因是因为太过聪明。

小时候，向她表白的男生会写情书，她就圈出情书里的错别字，以及诗词歌赋的出处给人寄回去；后来喜欢她的男孩子会来请她看电影，她在一旁一句一句地分析剧情，提前剧透，愣是把一部恐怖片看成了一部科教电影；读了大学，那些喜欢她的校友终于不写情书了，改成发邮件了，还是中英文双语的那种，她也只是笑笑，却不会像以前一样刻意纠正他们。

“你究竟喜欢什么样子的？”我忍不住问她。

“很简单啊，写情书的起码文采要好，看电影的起码要对电影有所理解，写英文邮件的起码要会一些看起来比较高级的单词吧。拿出来展现的总该是自己最出色的东西。刻意炫耀都漏洞百出的人，要不得要不得。”

“你就不能让让他们吗？”

“我还希望找一个让让我的呢。”

我早就说过，世英剩下来，是因为太聪明了。什么事情都能百战不殆，自己自转得没有任何瑕疵，没有遇见棋逢对手的聪明人，是不会停止运转的。

“那我是为什么？”许甜在电话里执拗地发问。

“你吗？”

许甜在我这里是没有任何秘密的。她所有的情史我都知道，每一个将她伤害得体无完肤的男人我都见过。而她的每一场恋爱,都惊人地一致。一开始总是特别地浪漫。一见钟情,干柴烈火。她的开场白也很雷同。

“小希,这一次真的很不一样,是以前从来没有过的感觉。”

这样的话,几乎每隔几年都要听一次。

接着她同男友追击战的大幕就会缓缓拉开。短信稍稍晚些回复,夺命连环call是必须的。偶尔拉一拉男友的电话单,查一查身份证的开房记录,闻一闻衬衣上的香水味,也是家常便饭。流泪的时候就要拥抱,开怀的时候就要分享,朋友圈要及时回复,偶尔的小情绪也要照顾周全,不然就是“不够爱我,外头有人了,你已经厌倦我了”。

最后的结局是什么呢?是那些原本特别爱她的小伙子都逃跑了。换了手机号,去了另一个城市,娶了温顺美丽的新娘,连喜糖都不敢发。

“你吗?你纯粹是公主病啊。”

是的,许甜剩下来,是因为骄纵的公主病。完全无法自转的姑娘,会让人害怕也会让人心生疲惫。

三

世英的爸爸妈妈都是大学教授,他们家的氛围打小就不一般。我去她家做客，电视永远是个摆设。他们三个人会围坐在一起下象棋，看书，聊文学，就像三个成年人。世英是在那样的环境里长大的。我还在看《大力水手》的时候，她已经能将四书五经倒背如流；我还在为了没有零用钱偷偷摸父亲口袋的时候，她已经开始自己写诗作画了；我还在为失去男友衣带渐宽的时候，她已经规划好了去希腊游学的全部行程。

你的目光的落点，落在何处，每个人都是不同的。和一般人比起来，世英是那个将目光落在远方的人。因为拥有这样辽阔的视野，所以她不容易沉溺在儿女私情里。你拥有越多的智慧，在智力肥沃的土壤里生长，你就会越早地明白，什么是好的书籍，什么是好的思想，什么是好的人生轨迹。世英的快乐不来自于旁人，她的快乐来自于自己在眼界与智慧上显著的优势。这种优势的好处在于，即使周遭的世界被毁坏，她依旧可以如常地生活。就像被流放的文人，在悬崖边饿着肚子，围着火堆烤火，坐下来问的第一问题是“你最近都读了哪些好书”，这是最浪漫不过的事了。

许甜有一个并不和睦的家庭。她的父亲对于婚姻的忠诚度极低，而懦弱害怕动荡的母亲，除了抱着许甜默默落泪之外，什么也不会做。许甜的公主病，并不是从小被父母娇惯的结果。她的公主病来自于她对爱情与婚姻的极度不信任。父母的爱情范本太不好了,于是对自己和身边的爱人没了信心。想要牢牢地抓住他,反倒让他生出了逃跑的心。你看见的是她蛮不讲理的霸道与一戳就破的脆弱,而我看到的却是她无辜无助的幼年以及对爱情执拗的真心实意。

四

“我要去相亲了。”世英在电话里头轻描淡写地说。

“真的?做什么的?”

“还在读书,是个博士,读物理系天体物理学。”

“……”

世英的第一次相亲异常顺利,物理系博士长得不高也不帅,但却给世英留下了很好的印象。她说,他在聊起太阳月亮的时候,认真虔诚的表情让她心动。和物理系博士交往一年后,他们结婚了。博士丈夫在婚礼上的誓词是这样的:

“很多人都问我,天体物理学究竟是做什么的?我说,就是工种特殊一点的警察。我们不捉小偷坏人,我们捕捉光线。捕捉、收集、研究宇宙里所有的光。而,我的新娘,就是宇宙大爆炸时穿越无数光年落在这尘世里,恰巧落在我眼里的光。宇宙那么大,光线千千万,有的还没有抵达地球就被时间消散，而唯有这道光落在了我的眼眸里，我认为，这样的相遇堪比神迹。”

“太浪漫了，对不对？”许甜捧着戒指站在捧着香槟的我的身边，抽着鼻子，眼泛泪光。

“你别光顾着感动，拿好戒指，一会儿上场了。”我禁不住提醒她。

波兰女作家维斯瓦娃·辛波丝卡有一首诗，是我特别喜欢的，它的名字是“种种可能”。全诗抄录如下：

我偏爱电影。

我偏爱猫。

我偏爱华尔塔河沿岸的橡树。

我偏爱狄更斯胜过陀思妥耶夫斯基。

我偏爱我对人群的喜欢胜过我对人类的爱。

我偏爱在手边摆放针线，以备不时之需。

我偏爱绿色。

我偏爱不把一切都归咎于理性的想法。

我偏爱例外。

我偏爱及早离去。

我偏爱和医生聊些别的话题。

我偏爱线条细致的老式插画。

我偏爱写诗的荒谬胜过不写诗的荒谬。

我偏爱,就爱情而言,可以天天庆祝的不特定纪念日。

我偏爱不向我做任何承诺的道德家。

我偏爱狡猾的仁慈胜过过度可信的那种。

我偏爱穿便服的地球。

我偏爱被征服的国家胜过征服者。

我偏爱有些保留。

我偏爱混乱的地狱胜过秩序井然的地狱。

我偏爱格林童话胜过报纸头版。

我偏爱不开花的叶子胜过不长叶子的花。

我偏爱尾巴没被截短的狗。

我偏爱淡色的眼睛,因为我是黑眼珠。

我偏爱书桌的抽屉。

我偏爱许多此处未提及的事物胜过许多我也没有说到的事物。

我偏爱自由无拘的零胜过排列在阿拉伯数字后面的零。

我偏爱昆虫的时间胜过星星的时间。

我偏爱敲击木头。

我偏爱不去问还要多久或什么时候。

我偏爱牢记此一可能——存在的理由不假外求。

无花果没有花，又怎么可能结果呢？你如果亲眼见过无花果，就会知道，无花果是开花的。只是因为它的花托太大了，将花朵牢牢地包裹在里头，你根本看不见。所以，你就以为它是不开花的。如果你能用手剥开它，你就可以看到那些细小的花蕾。它们密密麻麻的，比一般的植物开出的花朵要多得多。它们只是在你匆匆一瞥的时候，不够温润美好。我也偏爱不开花的叶子胜过不长叶子的花。因为我愿意相信，世间的种种，都有它存在的可能与缘由。冷硬的孩子有冷硬的根由，软弱的孩子也有软弱的起因。而那些只愿意匆匆一瞥的人，是些过于自负和片面的人，也是些以为无花果只结果不开花的人。如果你一直以来都在与这样的人见面，那么错过了，也不要觉得太可惜。

蛋炒饭

那是乌云背后的幸福线

一

清河已经要三十岁了，本来她是打算在三十岁的时候结婚的。但眼看着 2012 年的 12 月即将过去，结婚这件事还没有任何发生的迹象。清河是个很有规划的人。今天的课，昨天一定会预习；假期作业也会在假期开始的十天内完成；出门包里必备一把雨伞；初中的时候就已经规划好了想要念的学校，读的专业以及今后所要从事的工作。而清河觉得她的运气也特别地好，所有的计划都会有条不紊按部就班地一一实现。但，只有三十岁步入婚姻这件事，似乎无法按照计划的那样发生。

在 2012 年正式过去的那天，清河报名参加了心理咨询师的课程，也就是在那里，她认识了天垒。天垒是她的同桌，是一名狱警，刚过了三十二岁的生日。上了半个月的课程之后，天垒第一次约清河吃饭。也是在那天，清河发现了天垒是个有些特殊的人。

这是一顿极其安静的晚饭。坐在对面的男人沉默得出奇，不止沉默，他还有些手足无措。他飞快地吃着碗里的饭，眼睛既不看她也不看别的地方，微微垂着，睫毛很细长，就像个女孩子。清河毫无遮掩的观察的眼神，似乎让天垒更不自在了，于是她十分好心地收回审视的目光，做了打破僵局的那个人。

"狱警究竟是做什么的？"

天垒吞下一大口饭，慌忙开口，他一开口就很难停下来，清河觉得这些话他已经独自练习了很多遍。

"我们大部分人都是考试考进去的，有点类似公务员，平时就是看管犯人，带他们出去劳动或者是给他们上课。我负责的是数学课，课程不难，差不多也就是到初中的水准。你要是感兴趣，下次我可以带你去玩。"

"你是说，让我去监狱，玩？"清河不由咽了咽口水。

"是啊，我可以来载你。"

"呃，好啊，有时间我就来。"

二

当然，清河并没有真的去监狱视察，她和天垒的约会也就仅限于小清新的饭店、电影院，或者是露天公园。他们依旧没有什么积极的对话，清河一开始还十分努力地想要引出一些有趣味的话题，但天垒就好像一个沉默的泥沼，话题一抛出去，落到泥里，就不见了踪影。久而久之，清河在和他一起的时候，也就不怎么说话了。所以，你如果看见他们，你会发现这一对男女和其他男女有些不一样。他们通常是默默无言地对坐，或是沉默地并肩而行，女子偶尔说话的时候，旁边的男人会侧过身子来认真倾听，适时地说上一两句。看起来一点都不像热恋里的情侣，更像是长久相处后的家人。

“他那么怪，你为什么要和他在一起？”

朋友们都不明白清河选中天垒的原因。

清河以前也交过几个男朋友，有的甚至很优秀。二十七岁带回家的那个一直是父母最中意的。那个男人叫陈进，是一家互联网公司的片区经理，人品相貌家世都没有什么值得挑剔的。陈进对清河也很好，体贴，温柔，情意绵绵。他喜欢用车载着清河去西湖边兜风，尤其是夜里。他随意地停在湖边，打开天窗，和清河肩并肩地躺着，右手拉着清河的左手，轻轻揉捏；或者是爬到副驾驶的位子上，将清河紧紧地抱在怀里，一遍遍吻着她的嘴、脖颈，接着进入她的身体。

“宝贝，我爱你，我好爱你，我希望我们一辈子都能在一起。”

是的，陈进喜欢在车里做爱，喜欢一边做爱一边说情话。他说这样他能很快地达到高潮。他一直以为清河也是如此。可是，清河从来没有告诉她，无论在床上还是在车上，还是别的地方，她同他做爱，从来没有过高潮。

因为陈进那些温柔的情话听在清河耳里，就变成了一股黏稠的液体，它们从耳朵里溜进去，经过鼻腔，流进喉咙，让她产生想要呕吐的晕眩感。这样的晕眩感让她恶心，让她对做爱没了半点兴致。

轻度的情感淡漠综合征，这是心理医生告诉清河的。什么是情感淡漠综合征呢？这很好理解，就是对人与人之间的关系以及亲密的感情很漠然，好奇心、关怀度、热情指数都比一般人低一些。这是她来学习心理学的原因，她希望弄清楚自己的问题究竟出现在哪里。这也是她离开陈进的原因。因为，同一个人亲密无间地相处，对她来说有障碍。

而天垒就在这个时候出现了，他出现得那么及时，就像是三十岁带给清河的一件礼物。不擅表达，甚至在人群里看起来都有些惊慌的有着轻微人际交往恐惧症的天垒，是那么适合情感淡漠综合征的清河。这个男人得了无法说情话的病，而清河自己呢，就是那个完全不需要情话的人。

三

后来，清河忽然发现，天垒在做饭的时候，羞涩焦虑的状况会有所减轻，甚至看起来，是个极其开朗的人。那是清河第一次去天垒家做客,天垒在做的是一道极其朴素的蛋炒饭。

“你别觉得炒饭很容易，大家不是都说，炒饭炒得好，才是厨艺的最高境界。”清河发现天垒在做饭的时候极其有自信。他和清河随意地聊着天，手下也并没有闲着。

“炒饭最重要的是两样东西,一个是隔夜饭,一个是猪油。猪油炒起来才香，隔夜饭炒起来才能粒粒分开。”

说话间，天垒已经将猪油在锅里化开，化开后的猪油散发着肉香，让站在一旁的清河忍不住咽了咽口水。隔夜饭被倒了进去。

“帮我从冰箱里拿三个鸡蛋来。”这是清河第一次听见天垒带着命令式口吻的话语，她心下诧异极了，但并没有表现出来，她只是从冰箱里拿了三个鸡蛋递给他。天垒娴熟地将鸡蛋打进去，继续翻炒。

“不用打匀再倒进去吗？”清河这么问的时候，并未意识到自己竟然被这件小事引发了难得的好奇心。

“不用，要这样整个打进去，和饭一起翻炒，鸡蛋才能真正地将米饭包裹起来，那些饭和蛋分开的蛋炒饭都是次等品。”

天垒的蛋炒饭是清河吃过的蛋炒饭里最好吃的也是色香味最全的。口感松软，金色的米粒看起来就像尚未脱粒的麦粒。

吃完蛋炒饭，清河和天垒在椅子上做了爱，过程中他们谁也没有说话，甚至连喘息声都听不见。他们就像两个哑巴一样，安静地占有彼此的身体。唯一不同的是，天垒不再躲避清河的眼睛，他直直地盯着它们，就像越过它们，看见了某个遥远的平日里难以抵达的地方。第一次。

“你喜欢我什么？”清河后来这样问天垒。

“喜欢你愿意给我机会。”

“这是我听过最动人的表白和情话。”清河轻轻闭上眼睛，贴在天垒胸膛上的耳朵里传来的是这个沉默的男人有力的心跳。

四

爱得死去活来的情话清河听了许多，淡漠的情感模式让她总是不由自主地去分析这些话里的组成结构有多少出自真心，有多少出自说话之人浪漫的性格基调，有多少出自当下的情境，又有多少是出自希望获得回馈的企图。这样轻易允诺爱情和未来忠诚度的话听得越多，她就越怀疑，而她情感淡漠综合征的情况也就越严重。天垒的内向和忧虑让他无法完整地甚至是略带演绎地表达他的情话，他只能诚恳地、笨拙地表达他对清河的感情。这样朴素的情感表达，正是清河所需要的。因为感受到了这种前所未有的诚恳，她的应激反应得到了有效的缓冲。于是，她的情感淡漠征就这样不药而愈了。

2013 年 2 月 23 日，在清河三十一岁那年，她同天垒结婚了。而在第三天，他们一起窝在家里看了第 85 届奥斯卡颁奖典礼的网络直播。获得最佳电影的是他们俩都最喜欢的一部片子，《乌云背后的幸福线》。电影讲的是因妻子出轨导致创伤后遗症的暴力男人帕特，从精神病院出院之后，遇见了因为丈夫意外身亡同样拥有应激性创伤的蒂凡尼。两个同样疯狂的人，同样被这个正常的社会投以警觉和同情并重的目光，同样被从寻常的生活里割裂出来。他们在一次次的摩擦、争吵、撕扯、了解与爱慕里逐渐得到治愈，最终走出伤痛，拥有了美好的幸福。清河把这个故事解读为“呀，原来你也是神经病啊”。

如果你仍然独自一人，仍然在同你的伤痛与问题孤军奋战，请你不要觉得颓丧。只是这个世界太大了，你还没有遇见那个同你在一个病房里的病友。要记得，你并不是孤立无援的。啊，原来你也是神经病啊，那就来握个手吧。要相信，总有这样的一天，我们都能透过层层乌云，看见那道幸福的曙光。

月亮和牛奶面包

有些坚持，说不定就是一辈子

一

小的时候，我有一个很喜欢的男孩子，他叫风子，他很会唱歌。虽然乐理知识为零，他却天生对音乐的理解异常灵敏。风子学习成绩不怎么好，但生得很俊俏，笑起来坏坏的，露出一对深深的酒窝。我一直以为他会成为一名出色的歌手，唱着他喜欢的歌，站在属于他的舞台上，拥有一堆忠实的歌迷，看起来闪闪发光。我会成为他歌迷后援会的会长，以力所能及的方式表达我的思慕之情。

“现在还唱歌吗？”我一边问，一边逗着怀里刚出生不久的婴孩，他还不会区分眼前的人是谁，却咯咯笑得很欢乐。

风子在厨房娴熟地泡着奶粉，用手臂测水温，转过脸来讶异地看看我："你是说我吗？当然唱，去KTV的时候。"风子爽朗地笑着，走过来接过我手里的婴孩，将奶嘴轻轻送进孩子的嘴里。

风子是在两年前结婚的，他的妻子是幼儿园的老师，名叫苏明。半年前，他们迎来了他们爱情的结晶。风子是在酒吧驻唱的时候，认识了他的妻子。他说妻子是他的第一位歌迷。他坐在台中央唱歌，而他的妻子就坐在离他最近的位子上，那眼里流露出的目光，就像流火，让他浑身充满力量。

很自然地，风子和苏明恋爱了。苏明住进了风子狭小的出租屋里。

"当她拖着她的行李箱站在我家门口的时候，我感动极了。"

是的，苏明不顾家人的反对，毅然决然地搬进了风子的家。这让风子既感激又感动。风子在那段日子里，写了好多好多的歌曲。它们甜蜜、温馨，充满了创意。他同苏明盘腿坐在他们家冰凉的木质地板上，一起写歌唱歌，那是一段值得一辈子怀念的日子。

"起初我们真的很愉快，但，这样无忧无虑的日子很短暂。"

度过了最初的热恋时光，他们不得不面对穷困的生活带来的紧迫感。酒吧的生意不景气，风子也接不到什么像样的商演。而苏明也只是普通职员。为了节省开支，他们将越来越多的时间花费在这间狭小的出租屋里。渐渐地，他们彼此对话的欲望变少了。

“第一次大吵应该是在那一年的圣诞节。”风子看着怀里的孩子渐渐有了睡意，于是站起来，轻手轻脚地将他放回了婴儿床内。

“她以为我会带她去吃大餐呢，很开心地来酒吧等我，还穿了一件特别美的新衣服。”

“结果呢？”

“结果啊，我骑着摩托径直把她载回了家。身上只有两百块的我，没胆子带她去吃圣诞大餐。”

回到家后的苏明起初只是一言不发，所以风子一开始并没有注意到她的情绪变化，他像寻常一样去卫生间洗了澡。一出来，就看见苏明正在烧着他谱写的曲子，一张纸接着一张纸。苏明美丽的脸庞在火焰的映衬下忽明忽暗。

“苏明！你在做什么，你是不是疯了？”

他飞奔过去，抢下苏明手里剩余的谱子，给了她一巴掌。

“我疯了？我可能是疯了吧。我竟然会觉得这些歌不错，我竟然会愿意相信你有一天可以成为一名歌手。是啊，我可不是疯了？”

最终，我的思慕对象并没有成为一名众人簇拥的歌手。他放下吉他，关掉麦克风，收起他一打一打的乐谱，考了会计师，成了一家公司的会计专员。想要唱歌的时候，就约上三五好友，去KTV对着大荧幕嘶吼。我见过他在那儿做麦霸的样子，坐在远远的角落里，神情专注，双目轻轻地闭着。我想，那个时候，风子可能是在幻想。闭起眼睛的风子幻想出了一个舞台与成千上万的观众，而他是那个聚光灯下的王者。

这时候，苏明回来了。她抱着从菜市场采购来的新鲜食材，利索地开了门，向我挥手致意：“饿了吧？我马上就开始做饭啊。”

“你慢慢来，我等着吃大餐呢。”

苏明做菜是一把好手，六菜一汤只花了不到一小时。孩子还在安稳地睡，我们三个得以轻闲地就餐。

苏明举起酒杯：“来，欢迎小琴回国。”

“多不好意思，你们婚礼也没来，孩子满月也没来，这会子还要你们请我吃饭。”苏明的菜做得很地道，我说这句话的时候，嘴里还嚼着一块红烧肉。

“没关系，幸好你没来，万一你来抢亲，可怎么办？”苏明挑着眉毛打趣。

“他对你痴心一片，我哪来的竞争力。”我看了一眼坐在一旁狼吞虎咽的风子，禁不住翻了个白眼。

二

天南地北地聊了好久，我们的饭局被杨飞的电话打断。

“姐们儿，快来救我。”电话那头杨飞的声音听起来很空洞，就像来自一个十分遥远的地方。

“你在哪儿呢？”

“我，我在 C 城的派出所呢。你快来领我。”

“派出所？”

“嗯，一言难尽，你快来，我把地址发给你。”

因为杨飞的紧急事件，我提前结束了同风子与苏明的饭局，驱车赶往五十公里外的 C 城。到派出所见到杨飞的时候，她正在同一名看起来很年轻的警察纠缠。

“警察叔叔，我发誓，我发誓真的没拍着，不信你看，我的带子都是空的。”看起来蓬头垢面的杨飞搓着她的手，跳着小碎步，在那拧成了一根麻花。那年轻的警察显然是缺乏经验，被杨飞充满女性气质的娇嗔弄得满脸通红，却依旧故作镇定。

“那你把摄像机打开，我看一看。”

“好的。”杨飞三下五除二地开了摄像机，将带子放进去，来来回回倒了三遍，“警察叔叔，我没说错吧？你们来的时候，我才刚开机啊。都没来得及拍呢。”杨飞说到这儿，扑闪着她的大眼睛，盯着对面正襟危坐的男人，一脸真诚。

“嗯，确实是空的，那等你朋友来证明了你的身份你就可以走了。”

“她朋友在这儿。”我适时地高高举起手，掏出了身份证，“我证明，我证明她叫杨飞，是电影学院的在读研究生。”

因为有了我的身份担保，在被教育“作为良好青年应该多拍正面报道，宣扬社会美”之后，我终于提溜着杨飞走出了派出所。

“现在去哪儿？”

“当然是去拿素材。”杨飞一屁股跳上车，指了指前方。

“你不是说没拍着吗？”

“我是谁？那么聪明，怎么可能？”

我带着杨飞转了大半个 C 城，在一个破旧的天桥上停了下来，她走到天桥边的垃圾桶旁，在垃圾桶和地面的缝隙里掏出了她的宝贝素材。

“幸好还在，当时可是千钧一发啊。我迅速把它退出来，踢了进去。”

“你究竟在拍什么？”

“在拍我的毕业作品啊。我一直跟拍一个老大爷，跟了两年了。本来这次是要拍他们一家过年的，结果半夜接到老大爷的电话，说他们的家正在被强拆，我就赶过来了，你瞧，就在那里。”

天桥不远处有一片旧民居，零星的灯火在那里忽明忽暗。

“于是被逮了个正着是吧？”

“是呀，是呀，我拼命跑了一路，结果还是被逮了。我妈妈已经很不支持我做纪录片了，说又没钱又苦得很。要是让她来派出所捞我，我还活不活了。”

杨飞的嘴唇冻得发白，但因为素材失而复得，又让她的眼里满是光彩。这样强烈的反差，就像她坚持的这份工作，特别有意义，回报却特别少。

杨飞和我是大学同学，是那种乍看起来很柔弱的女孩子。我们主修的专业是文艺编导，就是导演春晚的那一种。我们浑浑噩噩地过了大学四年，我去了国外混了个文学硕士，而她却一直有她喜欢和坚持想做的事。她喜欢纪录片，她说喜欢那种不可复制的真实感，就像是影像的《史记》。她拿着摄像机，靠近她的拍摄对象，越靠近说明他们越亲近。她可以几天几夜不洗澡，不睡觉；可以吃隔夜饭也可以挨饿不吃饭；可以徒步几十公里去山区拍一匹马；也可以深入地震重灾区在大地动荡的时候一次次地举起摄像机。

“穷，是肯定的，现在很穷，以后可能会更穷。但，也不会真的饿死。起码，在可以坚持的时候，我还是希望坚持自己想做的。”在和我简单吃了一顿饭之后，杨飞又出发了。她说要把今天拍的素材导进剪辑机里，免得夜长梦多。她走的时候，冲着我挥手，娇小的个子，一身卡其色风衣，短马靴，扎成马尾的头发，搭配上D90的索尼摄像机，笑容甜美又倔强。看起来，就像个战地女英雄。

三

“送你本书。”杨飞走的时候将一本被翻得已经掉页的书扔进我怀里，“这可是我的指路明灯。”她边走边大声冲我喊。

杨飞的指路明灯是《月亮和六便士》。这是毛姆根据高更的个人事迹创作的小说，讲述了高更从一个证券经纪人到画家的演变过程。他从殷实的家庭逃离，在巴黎过着落魄的生活，画许多古怪的不被认可的图案。最后流落到与世隔绝的小岛上，在那里创作了后来为世人赞叹的画作，并孤寂清冷地死去。在这个故事里，月亮代表抬头仰望，不停追不停追的理想，而六便士代表着低下头颅来认真生活的现实。高更选择放弃这六便士，穷极一生来拥抱月亮，最终同它融成一体。但，高更是高更，我们是我们。

面包会有的，牛奶也会有的。而爱情，大多时刻都需要它们来打根基。那些虚飘的爱情，因为没有根基，通常都只能演变成悲伤的事故。不仅仅是爱情，这个世界上的所有东西都是如此。而那些追寻月光的，后来成为伟大的人的人类，大都放弃了柴米油盐的俗世生活与举案齐眉的感情基调。他们放弃了很多才获得了很多。

风子和我一样，或许也和你一样——一开始有着闪闪发光的梦想，甚至还有几分实现它们的小天分。但最后，都在俗世生活里成了平和的普通人。

在《月亮和六便士》结尾的地方，毛姆说他曾想改变小说的结构：在小说的开头就描述高更的惨死，而把结尾落在高更终于动身前往他梦中小岛的时刻。但他最终失败了。

“我喜欢这样一个画面：他活到四十七岁（到了这个年纪大多数人早已掉进舒适的生活沟槽里了）动身到天涯海角去

寻找一个新世界；大海在凛冽的北风中一片灰蒙蒙，白沫四溅，他迷茫地盯视着逐渐消失、再也无法重见的法国海岸。我想他的这一行为含有某种豪迈的精神，他的灵魂里具有大无畏的勇气。我本来想让这本书结束的时候给人一线希望。我觉得这样也许能够突出思特里克兰德的不可征服的精神。但是我却写不好。”

有着作家梦的小伙成了一个广告策划；想要开青旅的姑娘正在卖着淘宝产品；梦想着振臂一呼的歌者后来成了一位平凡的父亲。我们都在离梦想里的样子越来越远，唯有杨飞还在努力坚持。我也不知道她究竟能坚持多久，说不定是明天，也说不定这么莽莽撞撞，就是一辈子了。

图书在版编目（CIP）数据

爱人们都消失在餐桌上 / 佚尘著. -- 长沙 : 湖南文艺出版社，2015.10
ISBN 978-7-5404-6701-2

Ⅰ. ①爱… Ⅱ. ①佚… Ⅲ. ①饮食—文化—中国Ⅳ. ① TS971

中国版本图书馆 CIP 数据核字 (2015) 第 233582 号

爱人们都消失在餐桌上
AIRENMEN DOU XIAOSHI ZAI CANZHUOSHANG
佚尘 著

出 版 人　刘清华
出 品 人　陈　垦
出 品 方　中南出版传媒集团股份有限公司
　　　　　上海浦睿文化传播有限公司
　　　　　上海市巨鹿路 417 号 705 室（200020）
责任编辑　耿会芬
封面设计　邵　年
美术编辑　陆　璐　华　扬
内页插画　眉毛子
责任印制　王　磊
出版发行　湖南文艺出版社
　　　　　长沙市雨花区东二环一段 508 号，410014
网　　址　www.hnwy.com
经　　销　湖南省新华书店
印　　刷　恒美印务（广州）有限公司

开本：890mm × 1270mm 1/32　　印张：10　　字数：150 千字
版次：2015 年 10 月第 1 版　　印次：2016 年 5 月第 1 版第 1 次印刷
书号：ISBN 978-7-5404-6701-2　　定价：46.00 元

出 品 人：陈　垦

监　　制：张雪松　蔡　蕾　　出版统筹：戴　涛

策划编辑：杨　萍　　编　　辑：杨　萍　黄　越

美术编辑：陆　璐　华　扬　　内页插画：眉毛子

浦睿文化　Insight Media

投稿邮箱：insightbook@126.com

新浪微博　@浦睿文化